实验器具的发现之旅

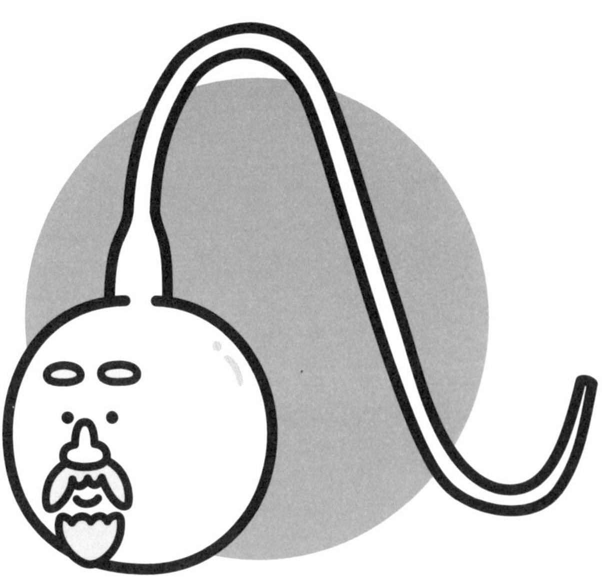

[日]上谷夫妇/著
[日]冈本拓司/日文审校
焦玥/译
郭雯飞/中文审校

中国出版集团　现代出版社

前言

大家好，我们是擅长画理科漫画的插画师——上谷夫妇。顾名思义，我们是夫妻二人搭档合作的。

本书讲述了烧杯君和小伙伴到博物馆里，听实验器具的前辈们给大家讲故事，这些故事连烧杯君都不知道，比如『器具诞生的秘闻』『当时的盛况』，还有『pH试纸由日本企业首次制造』『计算尺一年最多卖出了上百万把』等。大家可以通过实验器具了解科学历史，这些故事肯定能让你们情不自禁地想与他人分享。

实验器具博物馆的展览厅分为六个部分，分别是『观察』『测量』『计算』『电磁』『真空和光』『玻璃制品』，出场的器具前辈们都个性鲜明，在历史上起着重要的作用。虽然每一部分都非常有趣，但如果非要让我推荐，我会选择『真空和光』，因为这部分最难画了……开玩笑，大家如果有时间，可以找一找书中哪一格漫画最难画。给大家一个提示：马。大家肯定都能答上来。

各位中小学的同学，本书只是想让大家感受到『科学』是通过各位伟人的努力与实验器具们积极地发挥作用才得以形成的，有些见解或许与学校所教授的理科知识有所不同，并不能作为参考书使用。如果这本书能帮助大家对理科产生更加浓厚的兴趣，我就十分开心了。

在此特别鸣谢负责审校的冈本先生，继续为我们撰写专栏的山村先生，设计师佐藤先生，编辑杉浦先生。

那么，让我们开始实验器具博物馆之旅吧！

上谷夫妇

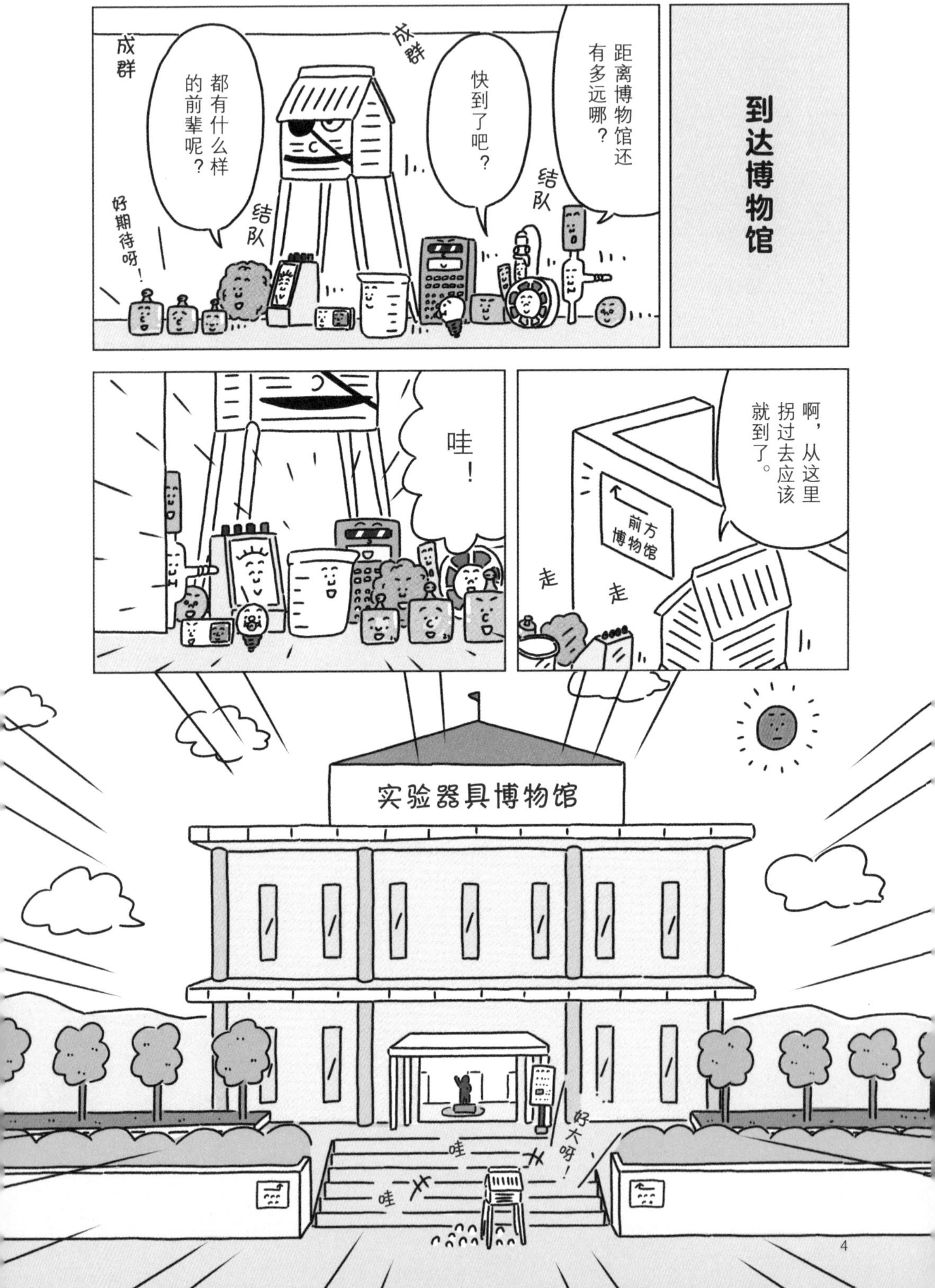
到达博物馆
距离博物馆还有多远哪？
快到了吧？
都有什么样的前辈呢？
好期待呀！
成群
结队
成群
结队
啊，从这里拐过去应该就到了。
前方博物馆
走
走
哇！
实验器具博物馆
好大呀！
哇
哇

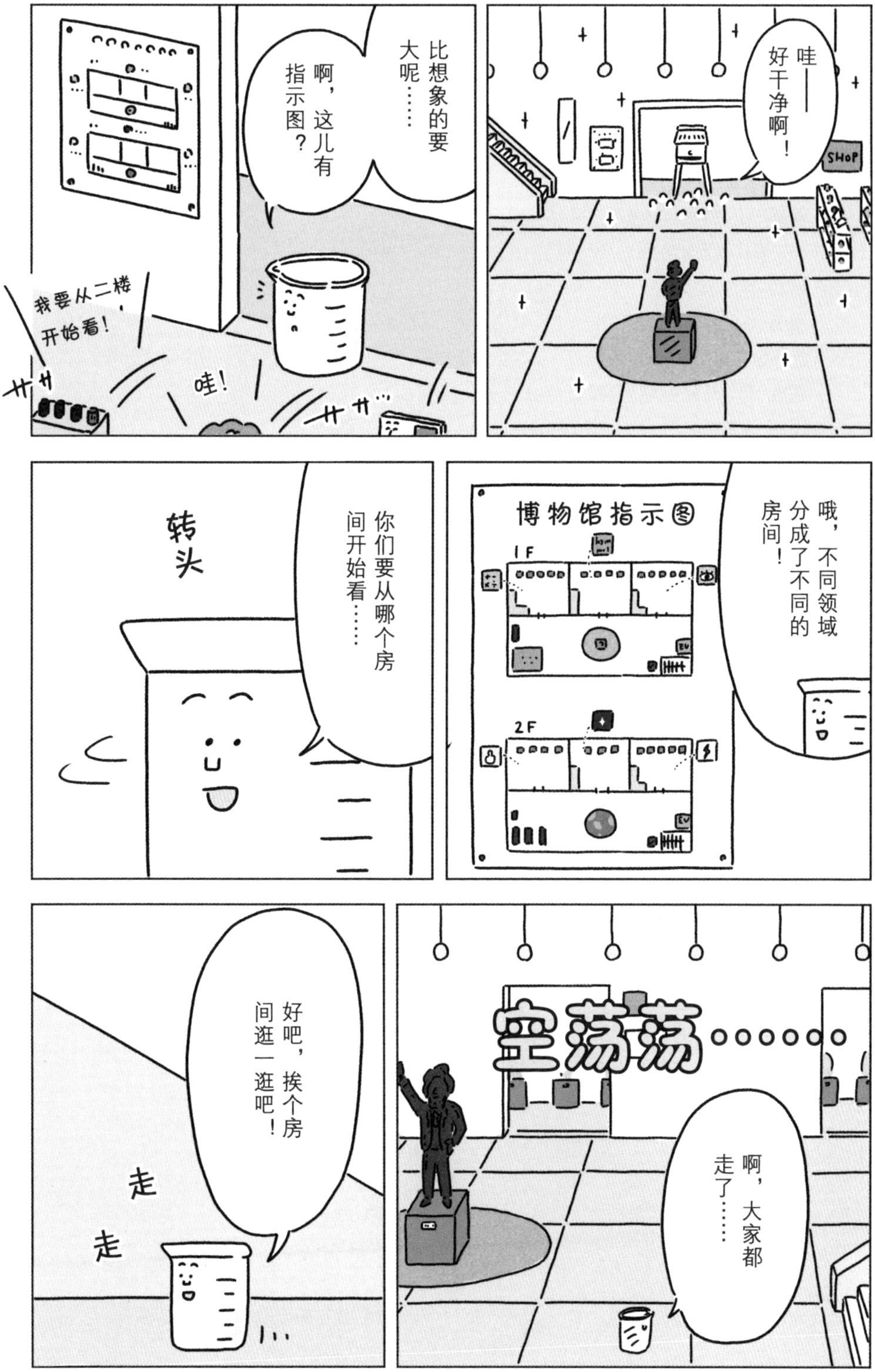
哇——好干净啊！
SHOP
比想象的要大呢……
啊，这儿有指示图？
我要从二楼开始看！
哇！
哦，不同领域分成了不同的房间！
博物馆指示图
1F
2F
EV
EV
你们要从哪个房间开始看……
转头
空荡荡……
啊，大家都走了……
好吧，挨个房间逛一逛吧！
走
走

目录

CHAPTER 1
用于观察的前辈们

CHAPTER 2
用于测量的前辈们

CHAPTER 3
用于计算的前辈们

CHAPTER 6
玻璃制的前辈们

CHAPTER 4
有关电磁的前辈们

CHAPTER 5
有关真空和光的前辈们

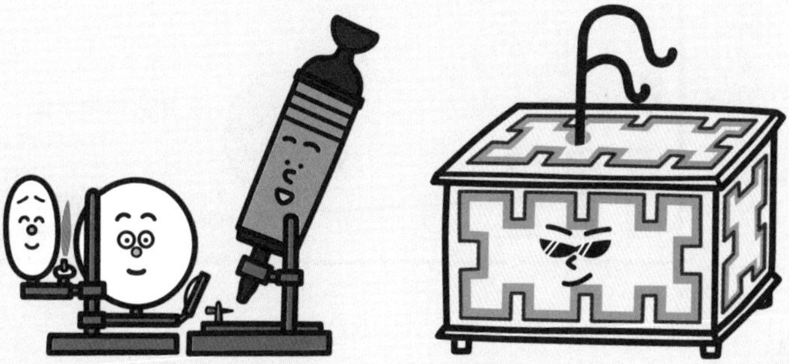

（专栏：山村绅一郎）

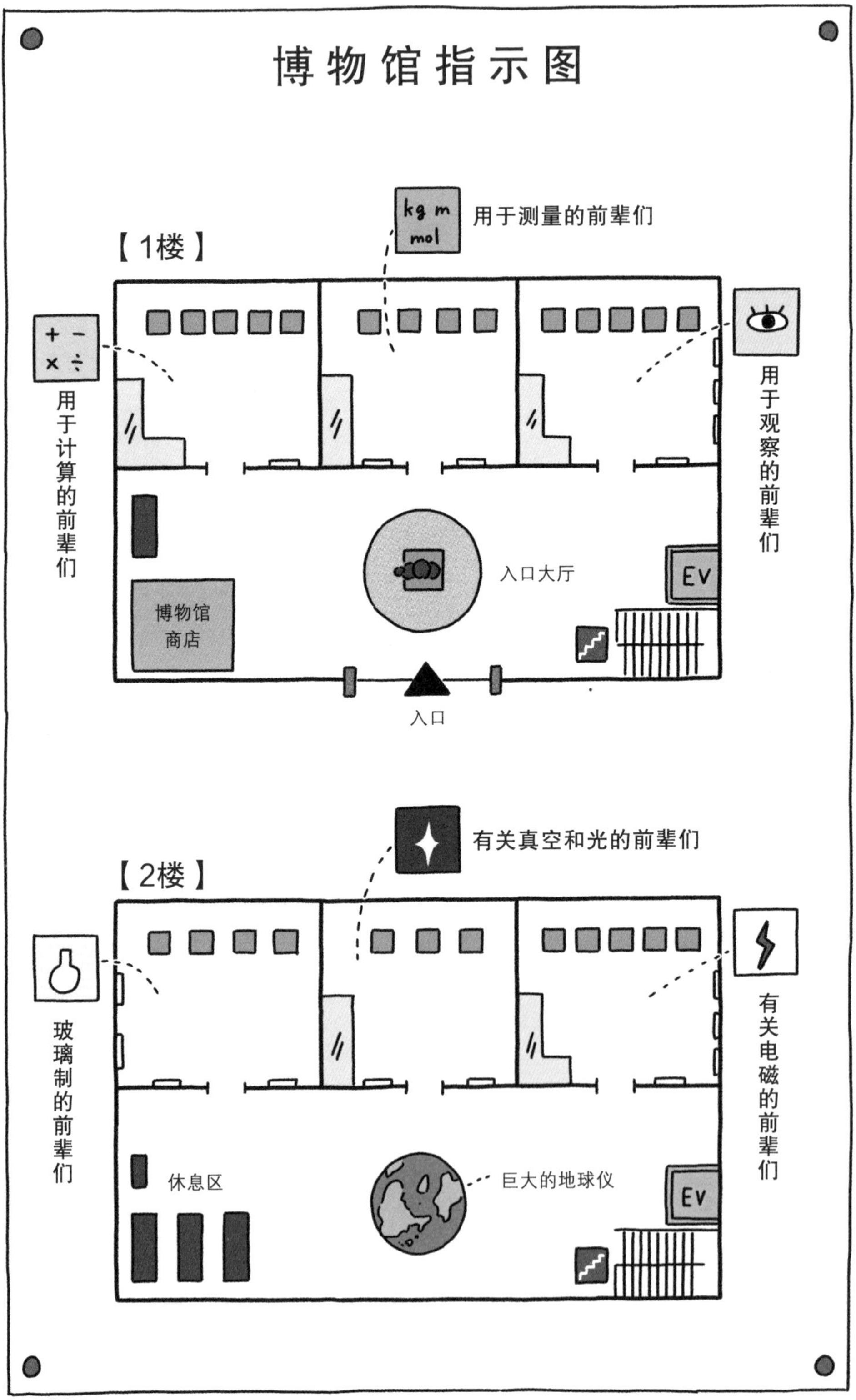
博物馆指示图
【1楼】
kg m mol
用于测量的前辈们
+ − × ÷
用于计算的前辈们
用于观察的前辈们
入口大厅
博物馆商店
EV
入口
【2楼】
有关真空和光的前辈们
玻璃制的前辈们
有关电磁的前辈们
休息区
巨大的地球仪
EV

本次登场的烧杯君的伙伴们

切片君（载玻片君与盖玻片君）

砝码三兄弟

pH试纸君和pH试剂盒君

函数计算器机器人

7.00

台式pH计君和电极君

电压表君

钕铁硼磁钢君

电珠宝宝

抽吸器君和胶管君

燃烧前的钢丝棉君

百叶箱老大

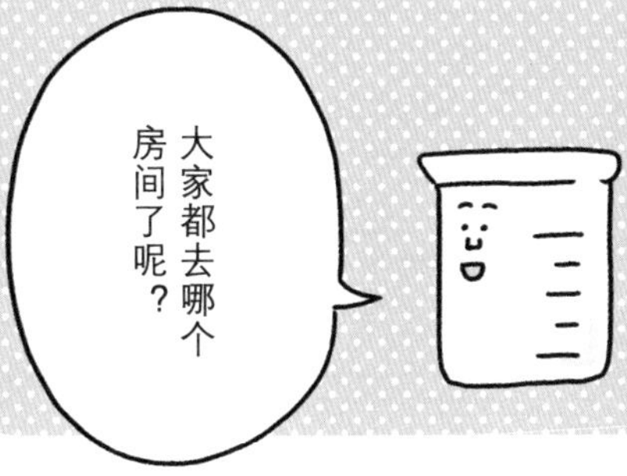
大家都去哪个房间了呢？

烧杯君

本书的
阅读方法

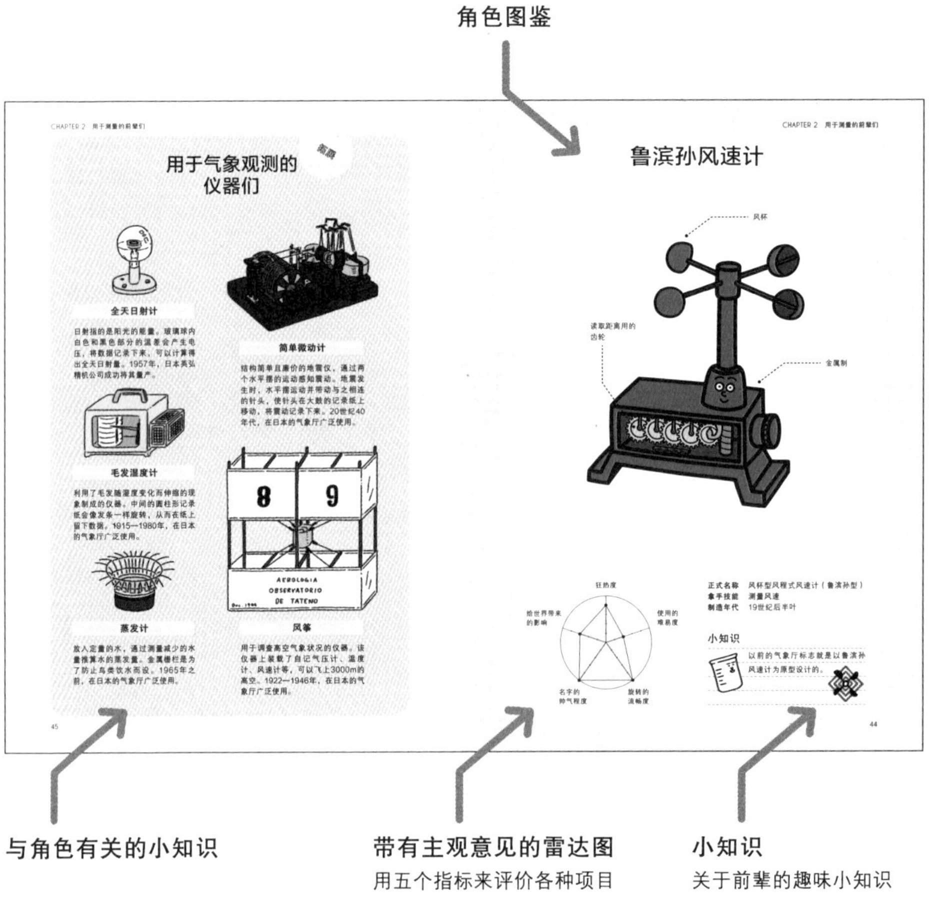

角色图鉴
CHAPTER 2 用于测量的前辈们
用于气象观测的
仪器们
全天日射计
日射指的是阳光的能量。玻璃球内白色和黑色部分的温差会产生电压，将数据记录下来，可以计算得出全天日射量。1957年，日本英弘精机公司成功将其量产。
简单微动计
结构简单且廉价的地震仪，通过两个水平摆的运动感知震动。地震发生时，水平摆运动并带动与之相连的针头，使针头在大鼓的记录纸上移动，将震动记录下来。20世纪40年代，在日本的气象厅广泛使用。
毛发湿度计
利用了毛发随湿度变化而伸缩的现象制成的仪器。中间的圆柱形记录纸会像发条一样旋转，从而在纸上留下数据。1915—1980年，在日本的气象厅广泛使用。
8
9
AEROLOGIA
OBSERVATORIO
DE TATENO
蒸发计
放入定量的水，通过测量减少的水量推算水的蒸发量。金属栅栏是为了防止鸟类饮水而设。1965年之前，在日本的气象厅广泛使用。
风筝
用于调查高空气象状况的仪器。该仪器上装载了自记气压计、温度计、风速计等，可以飞上3000m的高空。1922—1946年，在日本的气象厅广泛使用。
45
CHAPTER 2 用于测量的前辈们
鲁滨孙风速计
风杯
读取距离用的
齿轮
金属制
狂热度
使用的
难易度
旋转的
流畅度
名字的
帅气程度
给世界带来
的影响
正式名称 风杯型风程式风速计（鲁滨孙型）
拿手技能 测量风速
制造年代 19世纪后半叶
小知识
以前的气象厅标志就是以鲁滨孙风速计为原型设计的。
44
与角色有关的小知识
带有主观意见的雷达图
用五个指标来评价各种项目
小知识
关于前辈的趣味小知识

本书介绍了烧杯君等实验器具的前辈们，通过漫画和图鉴，为大家介绍它们诞生时的秘闻和让它们载入史册的优秀实验。

或许有些前辈登场的样子和形状会与你想象中的不同，希望大家能看到它们不同的一面。

CHAPTER 1

用于观察的前辈们

用于观察的前辈们

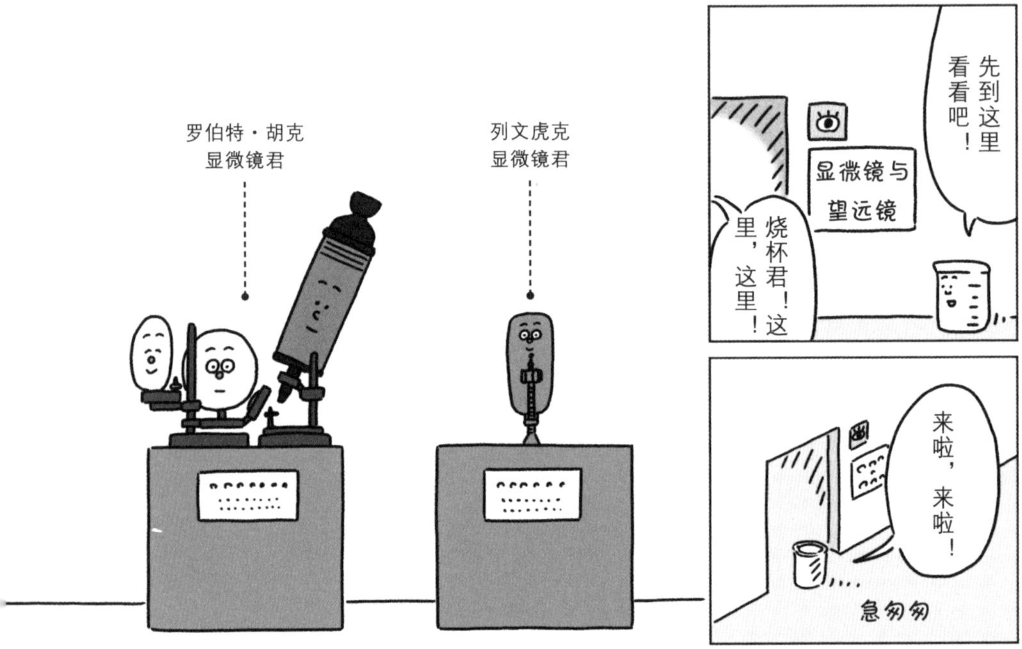
先到这里看看吧！
显微镜与望远镜
烧杯君！这里，这里！
来啦，来啦！
急匆匆
罗伯特・胡克显微镜君
列文虎克显微镜君

哇——
很棒吧！
先进来的切片君

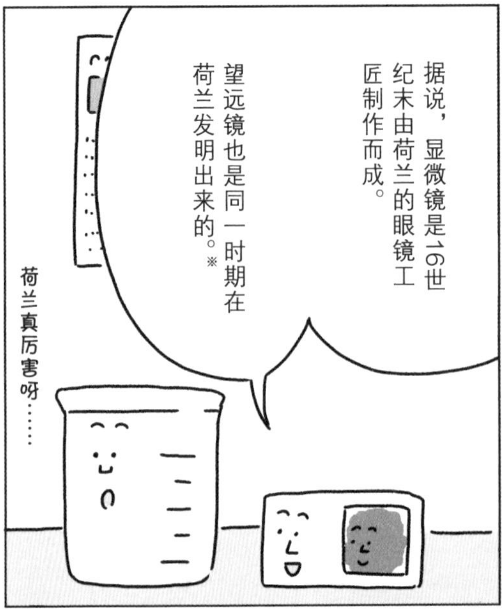
据说，显微镜是16世纪末由荷兰的眼镜工匠制作而成。
望远镜也是同一时期在荷兰发明出来的。※
荷兰真厉害呀……

※也有说法认为，英国早于荷兰发明了望远镜。

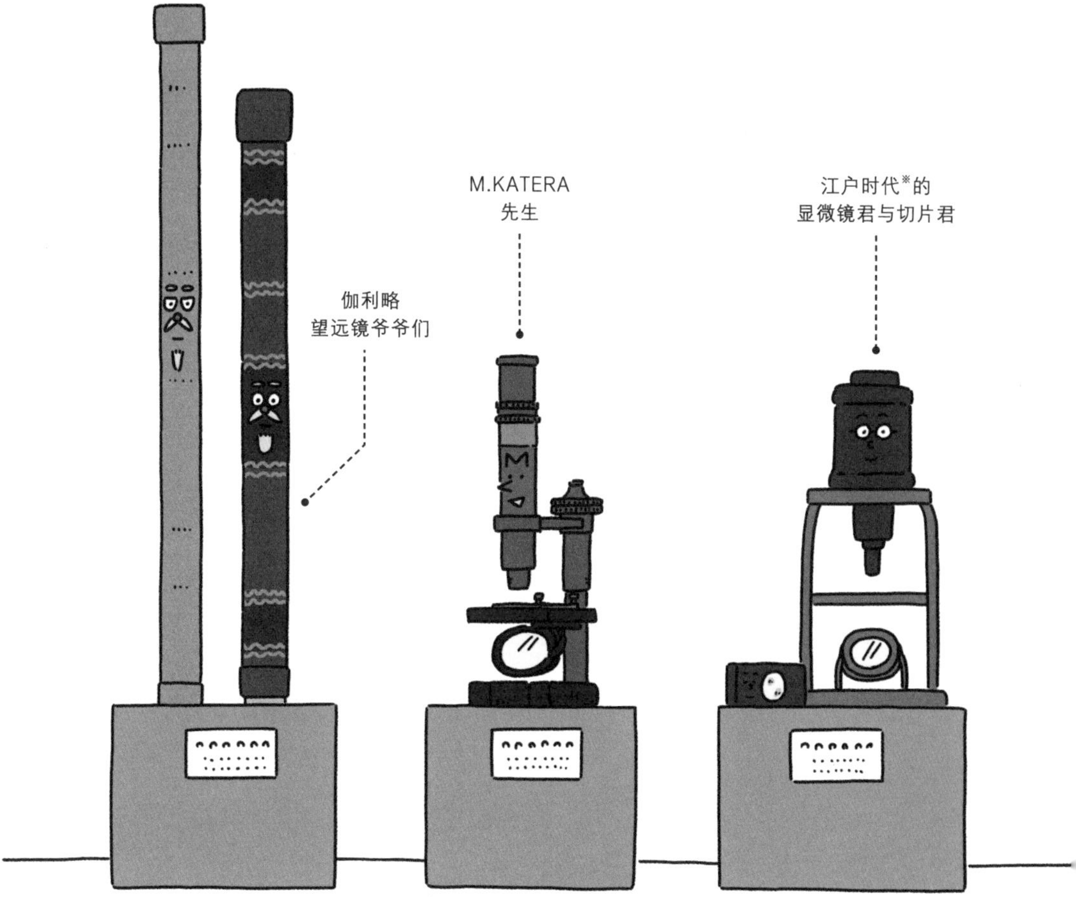

※江户时代：日本历史上的一个时代，1603—1868年。

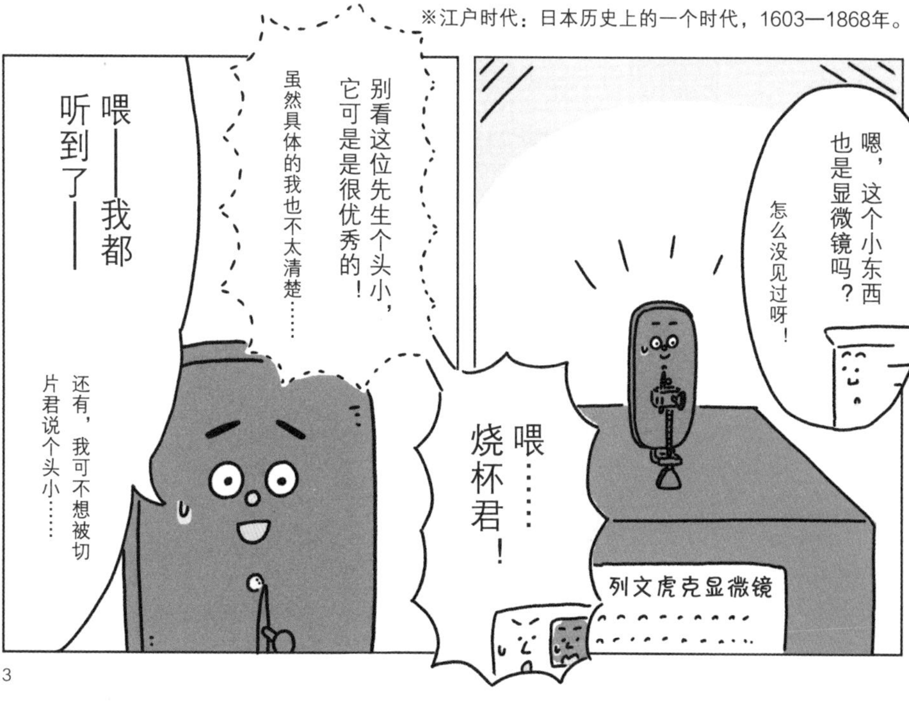

我是列文虎克先生制造的单镜片显微镜，也因此被称为列文虎克显微镜。
列文虎克
（1632—1723）
单镜片？
看见我嘴巴下方的洞了吗？这里会放入一个直径3毫米的玻璃球。
它就是单镜片。
这里
原来如此。
实际观察的时候要这样看。
镜片
观察对象
盯——
列文虎克先生是一名业余的研究家，他有很强的好奇心，总是观察身边的事物。
对了，别看我这么小，我的放大倍数可在250倍以上呢！
哇，完全不输现在的显微镜！
17世纪后半叶，列文虎克先生首次发现了细菌。此外，还发现了许多东西。
这是什么?!牙垢上竟然有微小的生物！
列文虎克先生发现的小东西
红细胞
细菌
精子
水中生物
等

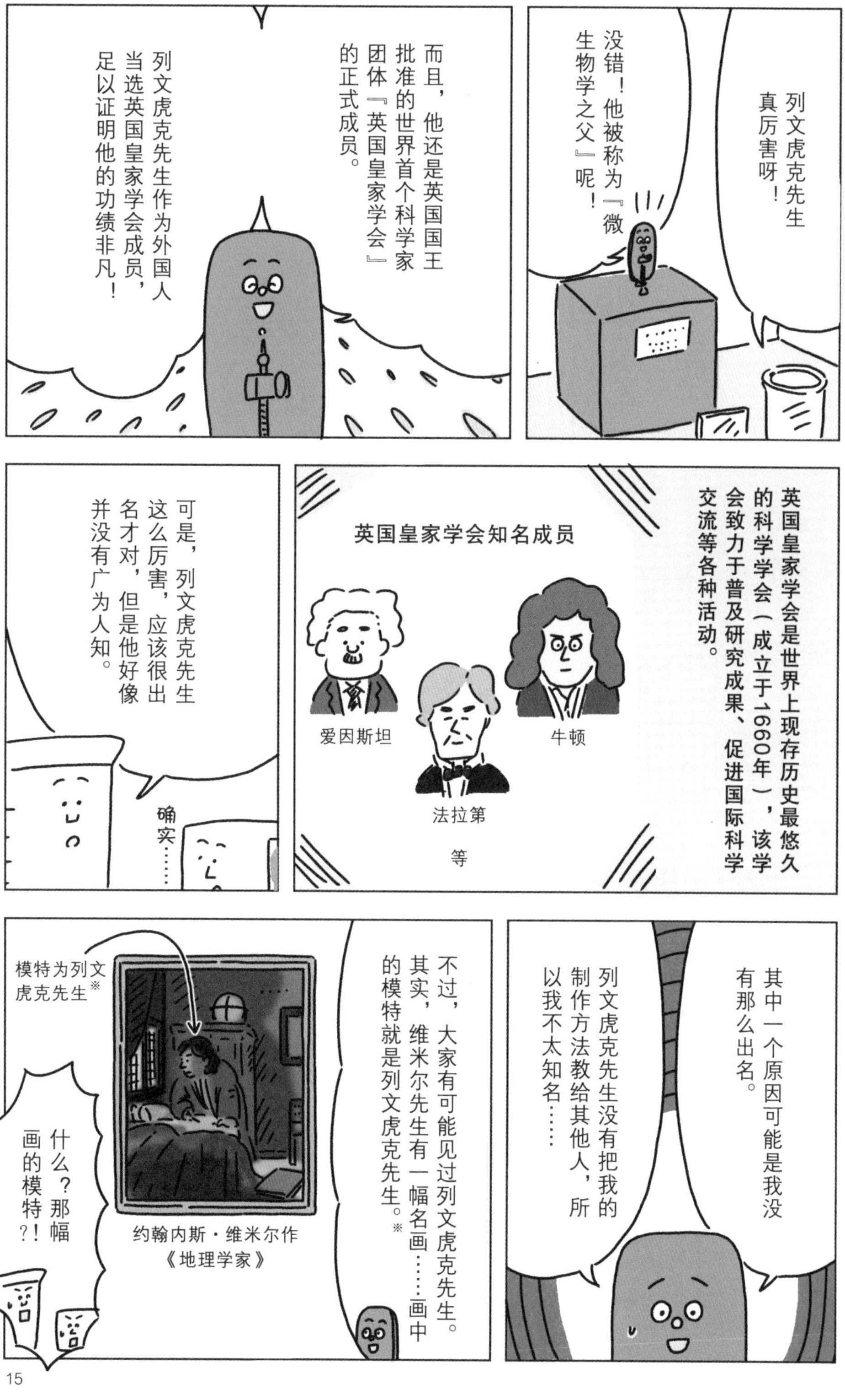
列文虎克先生真厉害呀！
没错！他被称为『微生物学之父』呢！
而且，他还是英国国王批准的世界首个科学家团体『英国皇家学会』的正式成员。
列文虎克先生作为外国人当选英国皇家学会成员，足以证明他的功绩非凡！
英国皇家学会是世界上现存历史最悠久的科学学会（成立于1660年），该学会致力于普及研究成果、促进国际科学交流等各种活动。
英国皇家学会知名成员
牛顿
法拉第
爱因斯坦
等
可是，列文虎克先生这么厉害，应该很出名才对，但是他好像并没有广为人知。
确实……
其中一个原因可能是我没有那么出名。
列文虎克先生没有把我的制作方法教给其他人，所以我不太知名……
不过，大家有可能见过列文虎克先生。其实，维米尔先生有一幅名画……画中的模特就是列文虎克先生。※
模特为列文虎克先生※
约翰内斯·维米尔作《地理学家》
什么？那幅画的模特？！

※说法不一。

列文虎克显微镜

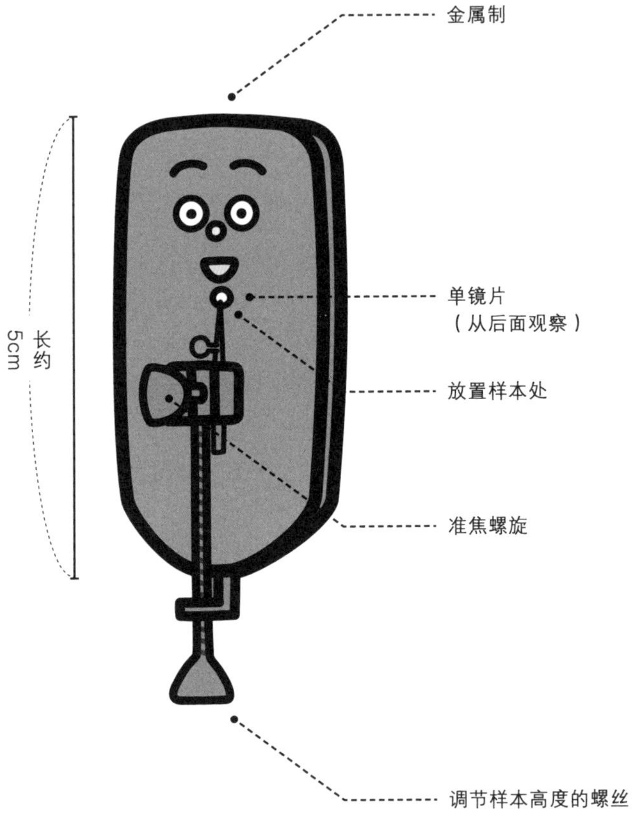
金属制
长约
5cm
单镜片
（从后面观察）
放置样本处
准焦螺旋
调节样本高度的螺丝

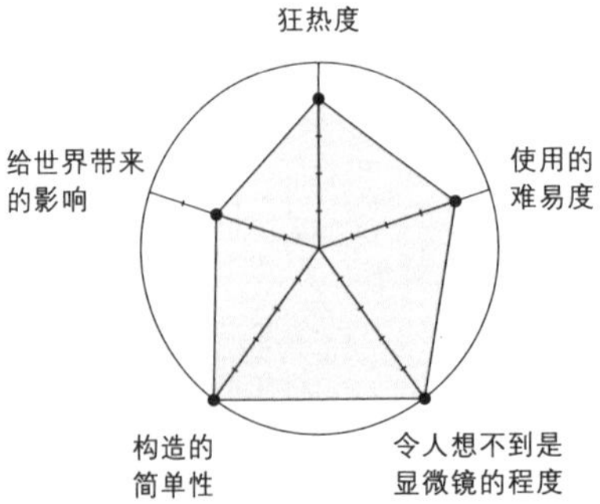
狂热度
使用的
难易度
令人想不到是
显微镜的程度
构造的
简单性
给世界带来
的影响

正式名称 列文虎克发明的显微镜
拿手技能 放大物体进行观察
制造年代 17世纪后半叶

小知识

当年，列文虎克显微镜名声大噪，就连当时的国王查理二世都去列文虎克家拜访了。

列文虎克先生的观察对象（仅部分）

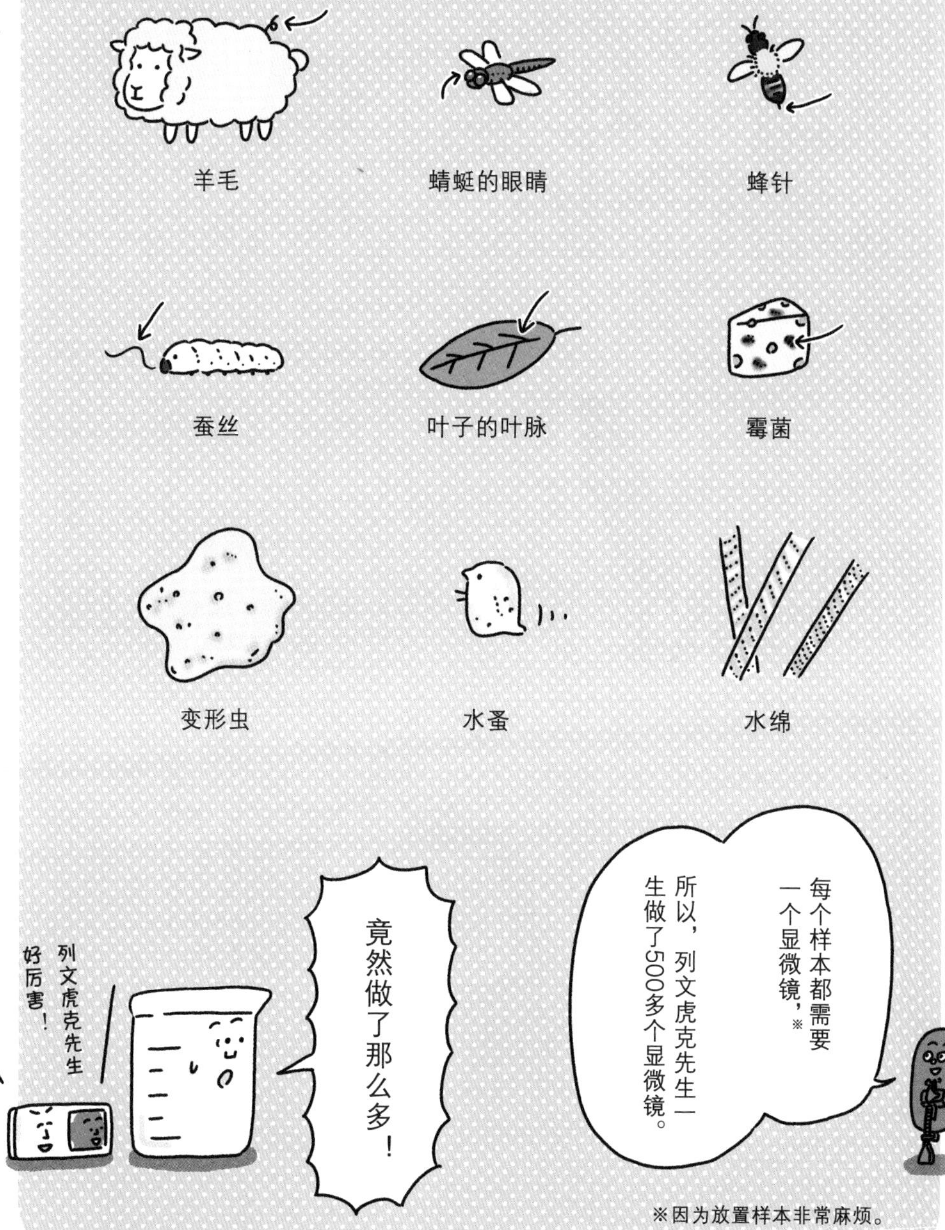
羊毛
蜻蜓的眼睛
蜂针
蚕丝
叶子的叶脉
霉菌
变形虫
水蚤
水绵
列文虎克先生好厉害！
竟然做了那么多！
每个样本都需要一个显微镜，※所以，列文虎克先生一生做了500多个显微镜。

※因为放置样本非常麻烦。

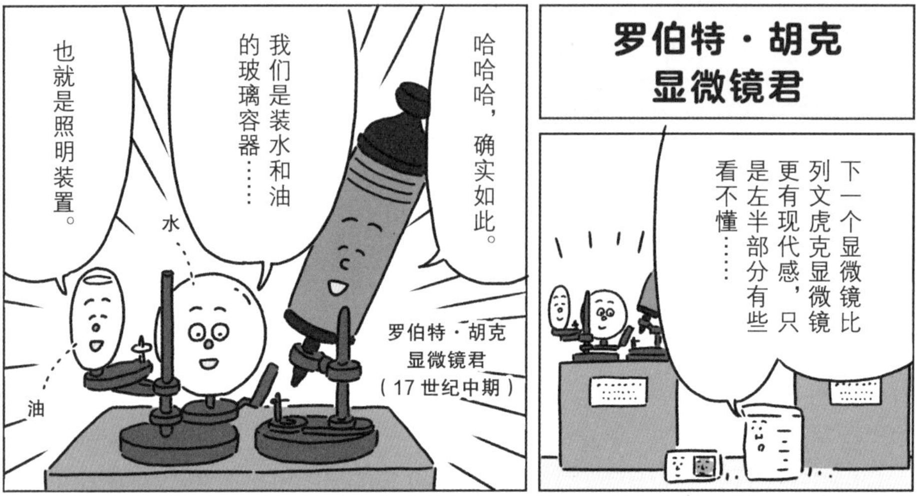
罗伯特·胡克显微镜君
下一个显微镜比列文虎克显微镜更有现代感，只是左半部分有些看不懂……
哈哈哈，确实如此。
我们是装水和油的玻璃容器……
也就是照明装置。
水
油
罗伯特·胡克显微镜君（17世纪中期）

使用图示

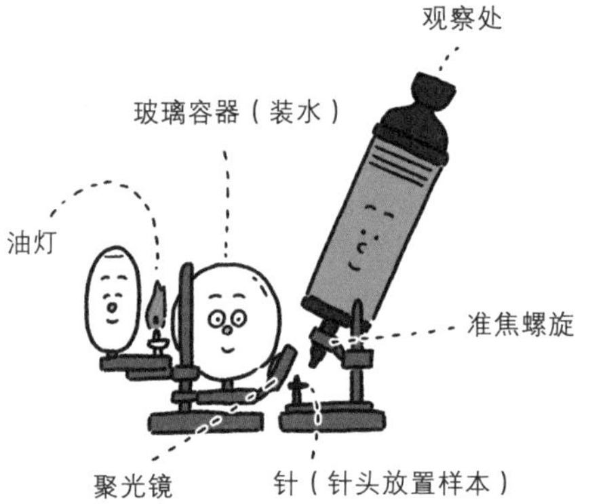
观察处
玻璃容器（装水）
油灯
准焦螺旋
聚光镜
针（针头放置样本）

①油灯发出的光通过玻璃容器

↓

②聚光镜将光集中到针头处

↓

③针头处的样本被照亮

↓

④旋转准焦螺旋，调整适合的焦距进行观察

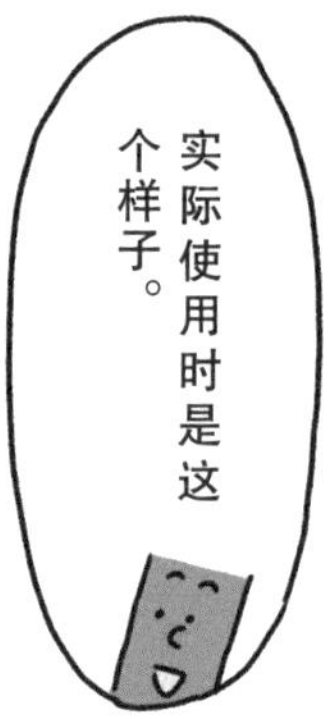
实际使用时是这个样子。

我们叫罗伯特·胡克显微镜。
罗伯特·胡克先生用我们观察了许多物体，后来出版了一部十分优秀的著作。
罗伯特·胡克（1635—1703）
没错，没错！
我知道他！他在微观生物学界很有名气！
快给我讲讲。

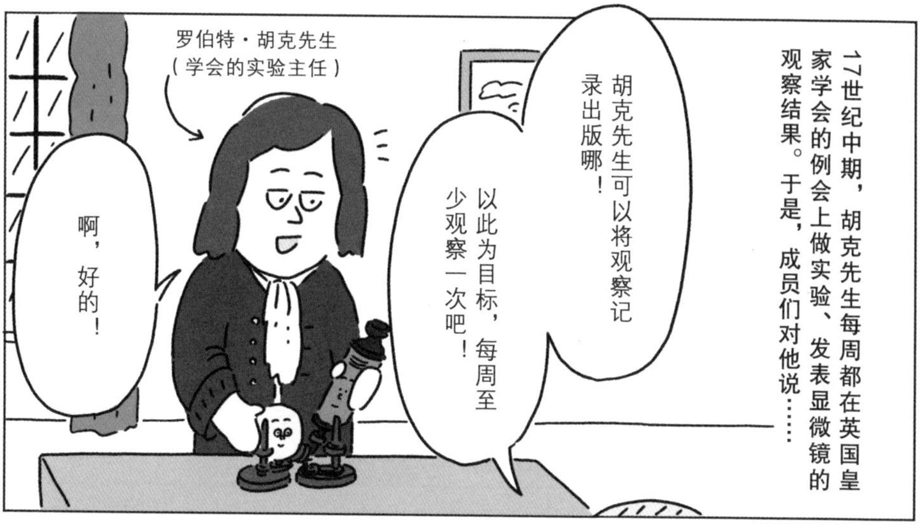
17世纪中期，胡克先生每周都在英国皇家学会的例会上做实验、发表显微镜的观察结果。于是，成员们对他说……
罗伯特・胡克先生（学会的实验主任）
胡克先生可以将观察记录出版哪！
以此为目标，每周至少观察一次吧！
啊，好的！

于是，胡克先生认真观察，在每周的例会上发表观察结果。
接下来观察……
写写画画
这周观察了这个！
他以前做过画师的学徒，所以非常擅长画图。

之后，他将约两年的观察结果整理并出版。就是这本书！
MICROGRAPHIA
MINUTE BODIES
By R. HOOKE
《显微图谱》
（1665年出版）

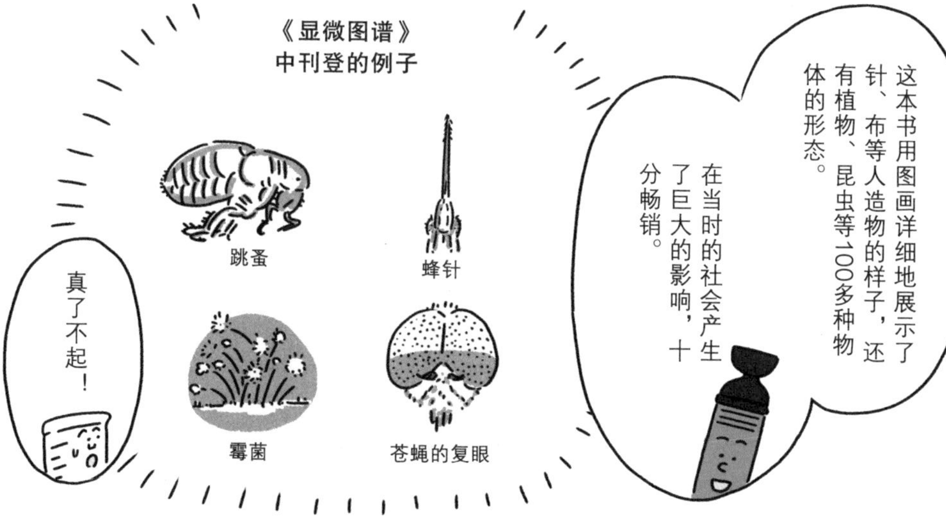
《显微图谱》中刊登的例子
跳蚤
蜂针
霉菌
苍蝇的复眼
这本书用图画详细地展示了针、布等人造物的样子，还有植物、昆虫等100多种物体的形态。
在当时的社会产生了巨大的影响，十分畅销。
真了不起！

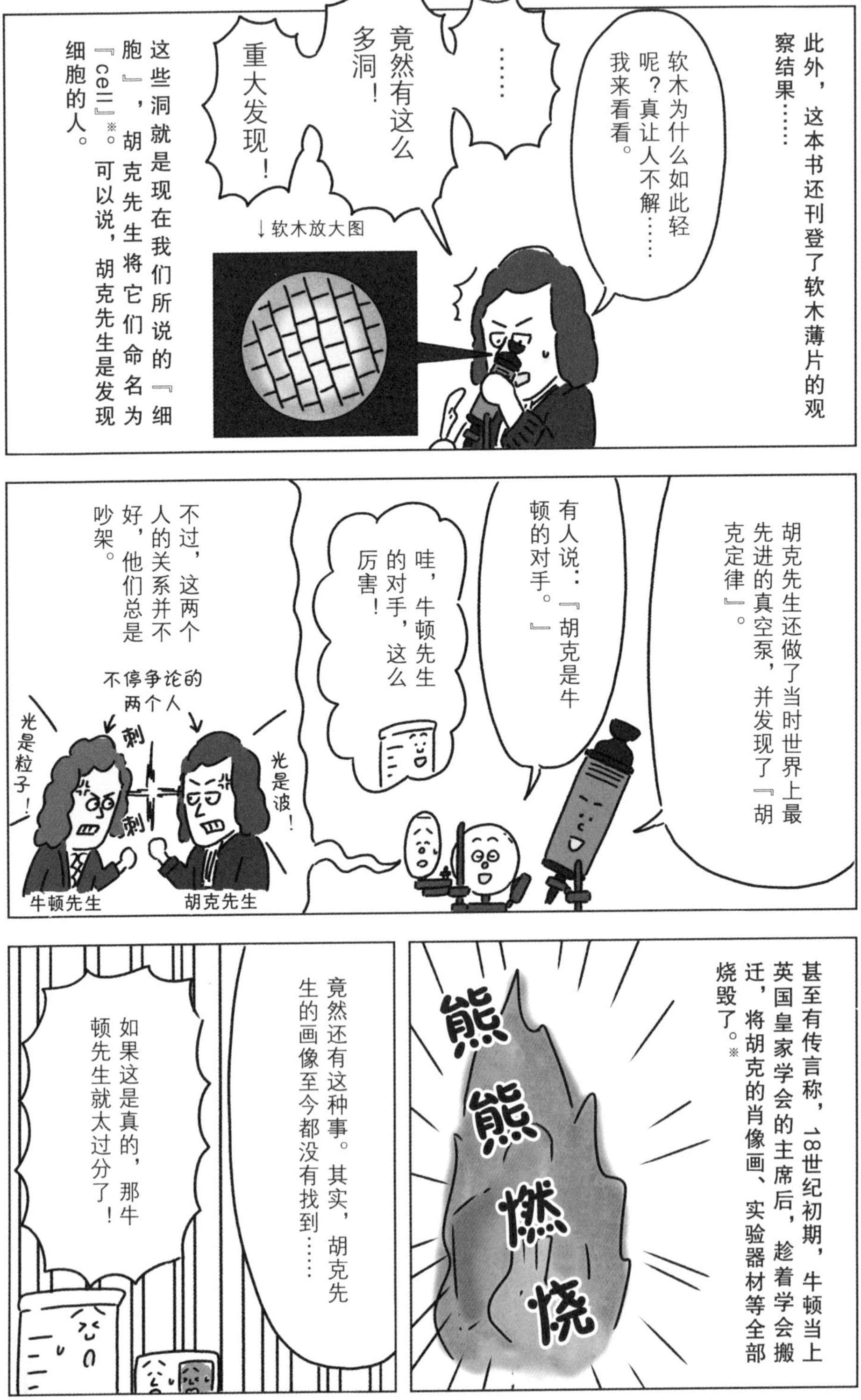
此外，这本书还刊登了软木薄片的观察结果……
软木为什么如此轻呢？真让人不解……我来看看。
……
竟然有这么多洞！
重大发现！
↓软木放大图
这些洞就是现在我们所说的『细胞』，胡克先生将它们命名为『cell』※。可以说，胡克先生是发现细胞的人。
胡克先生还做了当时世界上最先进的真空泵，并发现了『胡克定律』。
有人说：『胡克是牛顿的对手。』
哇，牛顿先生的对手，这么厉害！
不过，这两个人的关系并不好，他们总是吵架。
不停争论的两个人
光是波！
刺
刺
光是粒子！
牛顿先生
胡克先生
甚至有传言称，18世纪初期，牛顿当上英国皇家学会的主席后，趁着学会搬迁，将胡克的肖像画、实验器材等全部烧毁了。※
熊熊燃烧
竟然还有这种事。其实，胡克先生的画像至今都没有找到……
如果这是真的，那牛顿先生就太过分了！

※cell：胡克先生将这个词解释为『小房间』。

※胡克先生这时已经去世了。

罗伯特 · 胡克显微镜

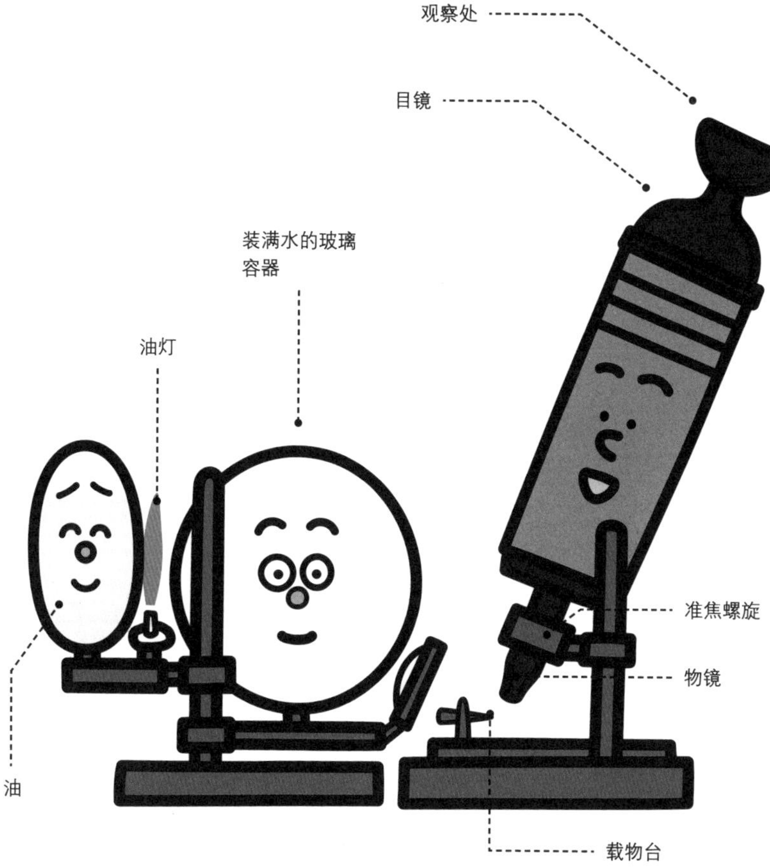
观察处
目镜
装满水的玻璃
容器
油灯
准焦螺旋
物镜
油
载物台

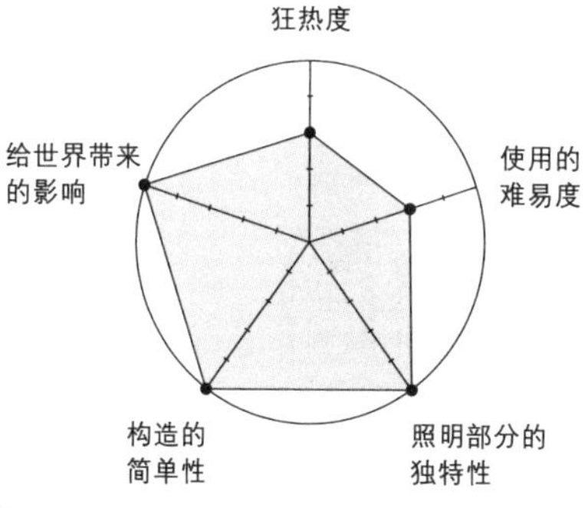
狂热度
使用的
难易度
照明部分的
独特性
构造的
简单性
给世界带来
的影响

正式名称　罗伯特 · 胡克使用过的显微镜
拿手技能　放大物体进行观察
制造年代　17世纪中叶

小知识

罗伯特 · 胡克将用这台显微镜观察的结果汇编成《显微图谱》，这本书影响了许多人，其中就包括牛顿。

江户时代的显微镜君与切片君

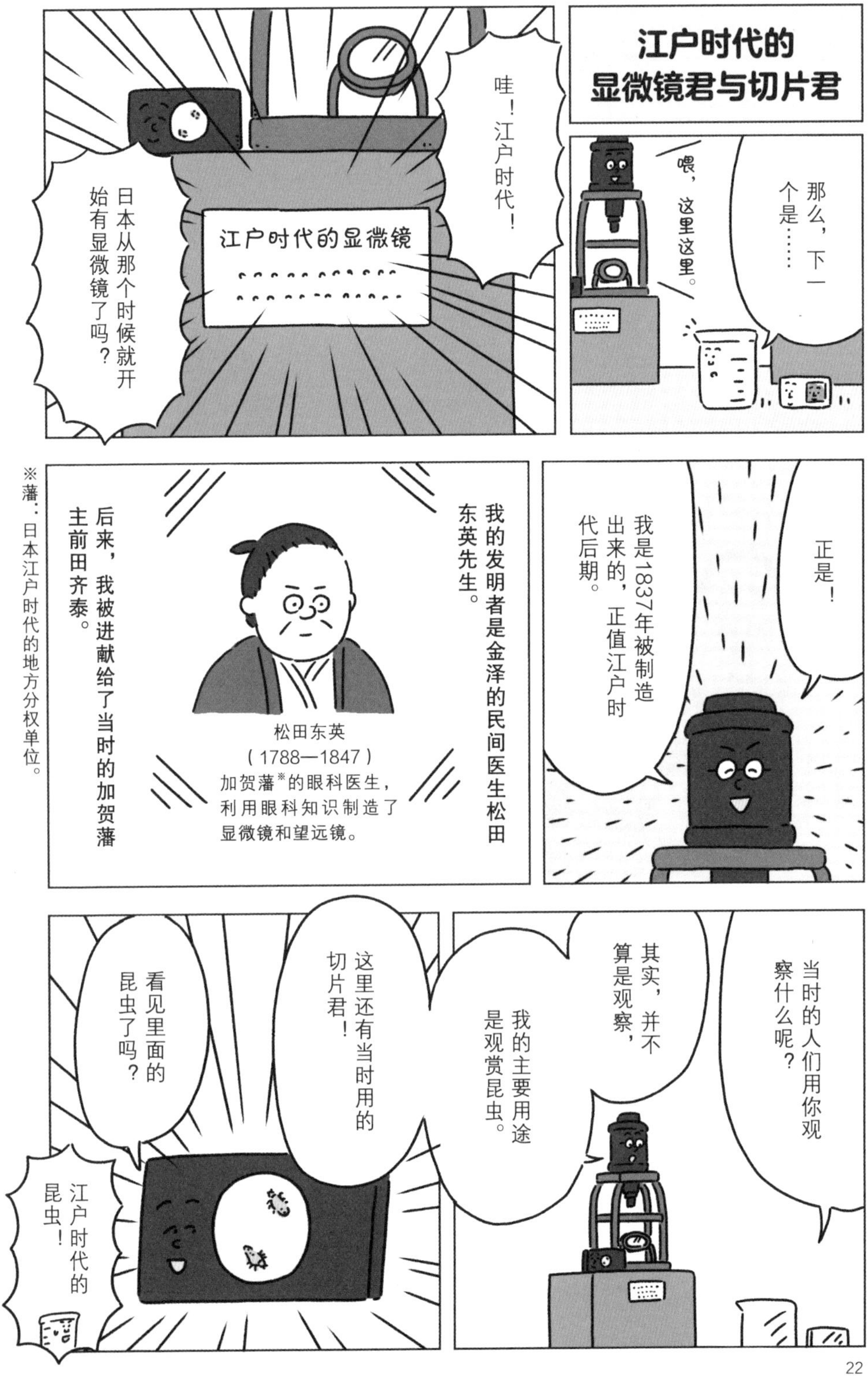
那么，下一个是……
喂，这里这里。
哇！江户时代！
江户时代的显微镜
日本从那个时候就开始有显微镜了吗？
正是！
我是1837年被制造出来的，正值江户时代后期。
我的发明者是金泽的民间医生松田东英先生。
后来，我被进献给了当时的加贺藩主前田齐泰。
松田东英
（1788—1847）
加贺藩※的眼科医生，
利用眼科知识制造了
显微镜和望远镜。
当时的人们用你观察什么呢？
其实，并不算是观察，
我的主要用途是观赏昆虫。
这里还有当时用的切片君！
看见里面的昆虫了吗？
江户时代的昆虫！

※藩：日本江户时代的地方分权单位。

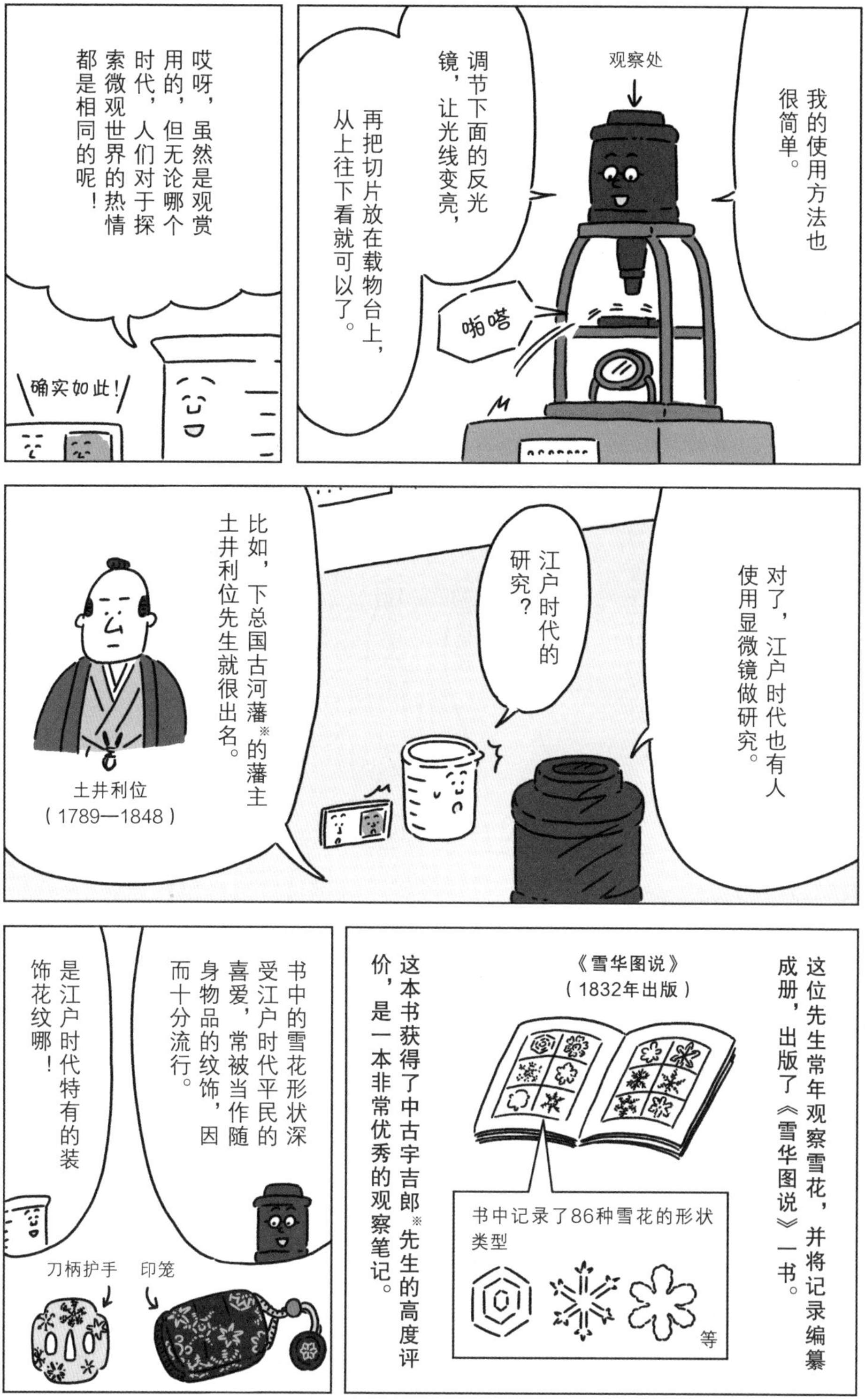
我的使用方法也很简单。
观察处
调节下面的反光镜，让光线变亮，
再把切片放在载物台上，从上往下看就可以了。
啪嗒
哎呀，虽然是观赏用的，但无论哪个时代，人们对于探索微观世界的热情都是相同的呢！
确实如此！
对了，江户时代也有人使用显微镜做研究。
江户时代的研究？
比如，下总国古河藩※的藩主土井利位先生就很出名。
土井利位
（1789—1848）
这位先生常年观察雪花，并将记录编纂成册，出版了《雪华图说》一书。
《雪华图说》
（1832年出版）
书中记录了86种雪花的形状类型
等
这本书获得了中古宇吉郎※先生的高度评价，是一本非常优秀的观察笔记。
书中的雪花形状深受江户时代平民的喜爱，常被当作随身物品的纹饰，因而十分流行。
是江户时代特有的装饰花纹哪！
刀柄护手
印笼

※下总国古河藩：现今的日本茨城县古河市。

※中古宇吉郎：活跃于20世纪的冰雪研究家，世界首位成功研制出人造雪的人。

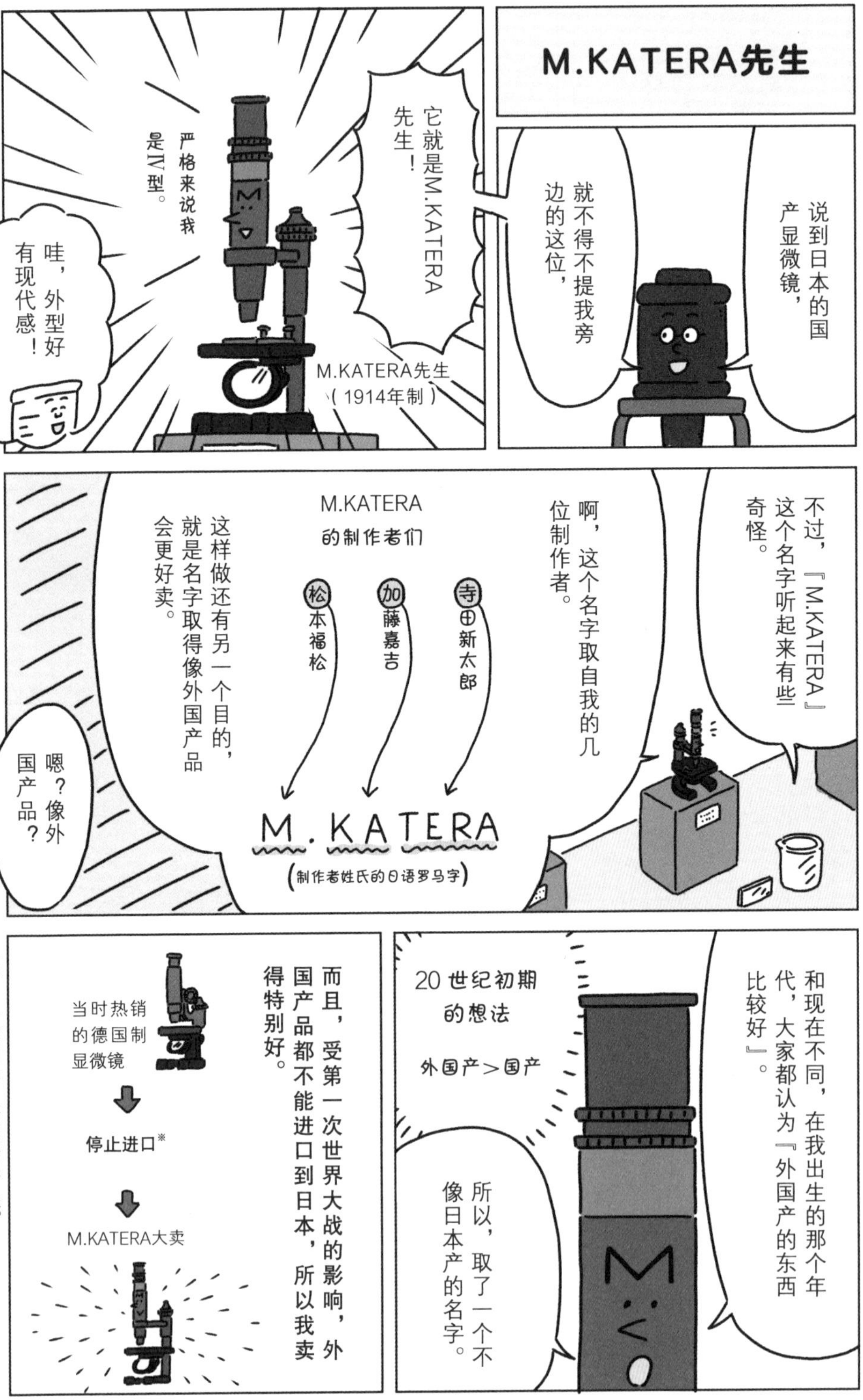
M.KATERA先生
说到日本的国产显微镜，
就不得不提我旁边的这位，
它就是M.KATERA先生！
严格来说我是IV型。
哇，外型好有现代感！
M.KATERA先生（1914年制）
不过，『M.KATERA』这个名字听起来有些奇怪。
啊，这个名字取自我的几位制作者。
M.KATERA的制作者们
寺田新太郎
加藤嘉吉
松本福松
M.KATERA
（制作者姓氏的日语罗马字）
这样做还有另一个目的，就是名字取得像外国产品会更好卖。
嗯？像外国产品？
和现在不同，在我出生的那个年代，大家都认为『外国产的东西比较好』。
20世纪初期的想法
外国产>国产
所以，取了一个不像日本产的名字。
而且，受第一次世界大战的影响，外国产品都不能进口到日本，所以我卖得特别好。
当时热销的德国制显微镜
停止进口※
M.KATERA大卖

※这与当时德国是日本的敌国有关。

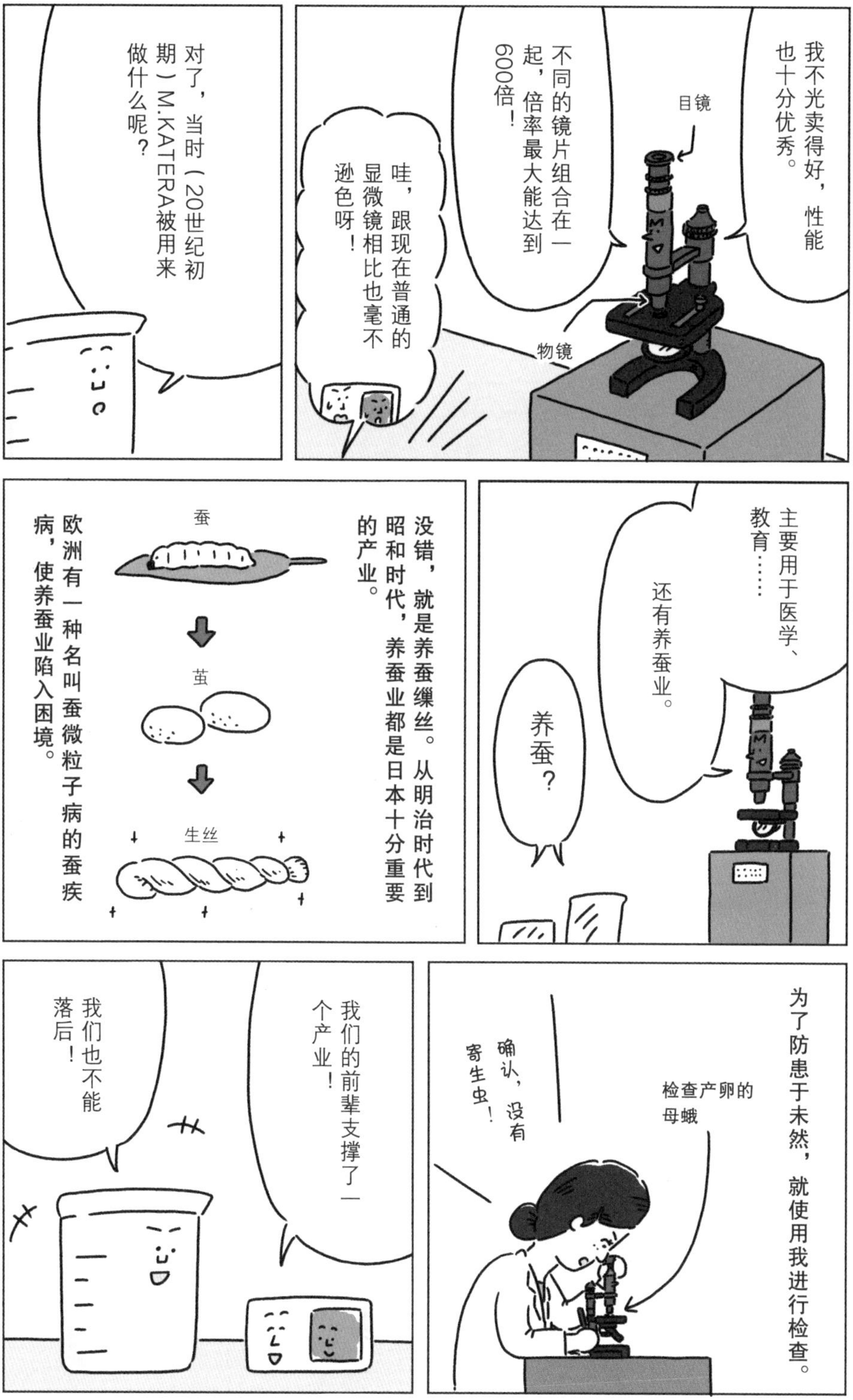
我不光卖得好，性能也十分优秀。
目镜
物镜
不同的镜片组合在一起，倍率最大能达到600倍！
哇，跟现在普通的显微镜相比也毫不逊色呀！
对了，当时（20世纪初期）M.KATERA被用来做什么呢？
主要用于医学、教育……
还有养蚕业。
养蚕？
没错，就是养蚕缫丝。从明治时代到昭和时代，养蚕业都是日本十分重要的产业。
蚕
茧
生丝
欧洲有一种名叫蚕微粒子病的蚕疾病，使养蚕业陷入困境。
为了防患于未然，就使用我进行检查。
检查产卵的母蛾
确认，没有寄生虫！
我们的前辈支撑了一个产业！
我们也不能落后！

江户时代的显微镜与切片

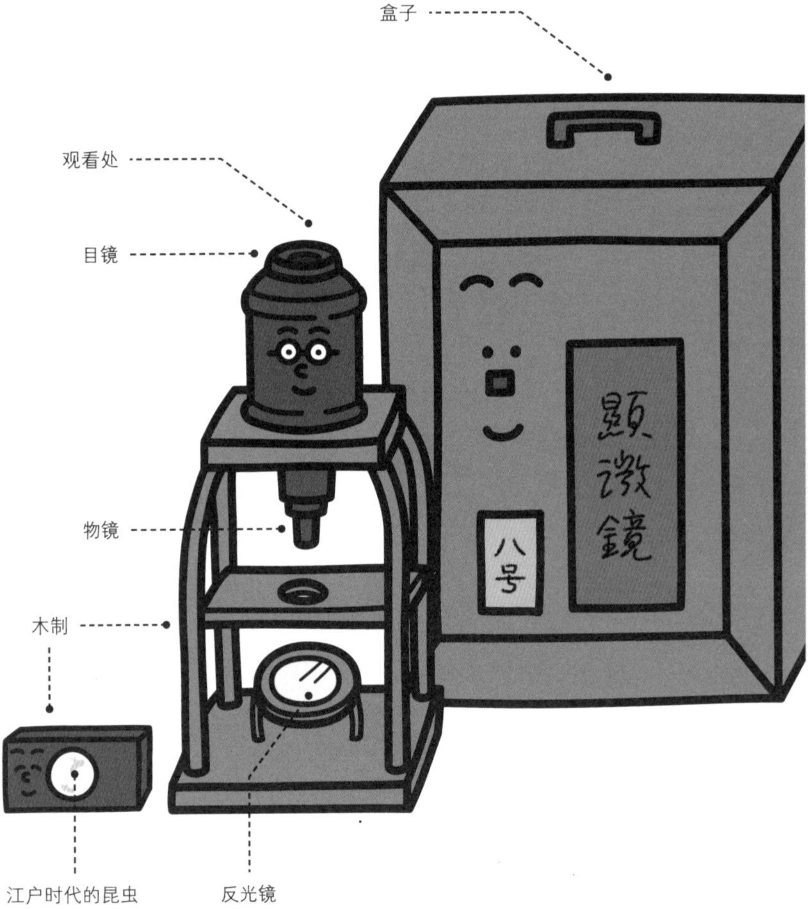
盒子
观看处
目镜
物镜
木制
江户时代的昆虫
反光镜
顯微鏡
八号

狂热度
使用的难易度
木质感程度
构造的简单性
给世界带来的影响

正式名称 显微镜八号

拿手技能 放大物体进行观察

制造年代 1837年

小知识

发明者松田东英是杉田立卿※（1787—1846）的门生。

※杉田立卿：一名医生。

M.KATERA

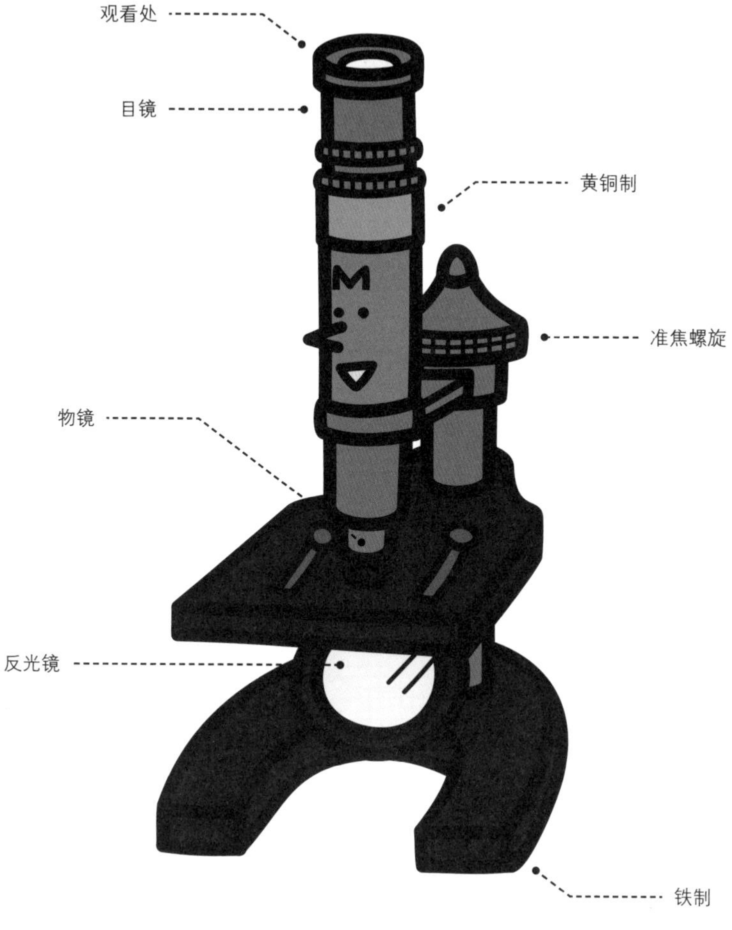
观看处
目镜
黄铜制
M
准焦螺旋
物镜
反光镜
铁制

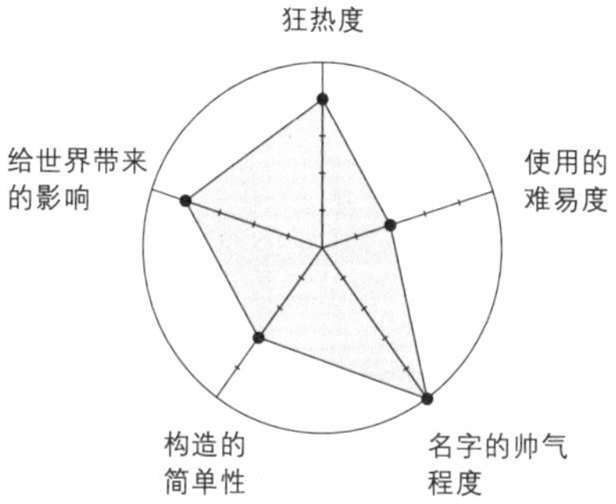
狂热度
使用的难易度
名字的帅气程度
构造的简单性
给世界带来的影响

正式名称　光学显微镜M.KATERA Ⅳ型
拿手技能　放大物体进行观察
制造年代　1914年

小知识

制作者们分别入职后来的奥林巴斯、Sakura Finetek等公司，为日本国产显微镜的发展奠定了基础。

伽利略望远镜爷爷们
一路看下来，确实感觉到了显微镜的进化！
是的！
喂！
你们把我们忘了吗？
我们望远镜也在呀！
伽利略望远镜爷爷们（1609年制造）
对不起……
伽利略先生要是还在世可要生气了。
算啦！
你们知道伽利略先生吧？
伽利略・伽利雷（1564—1642）
当然了！他被称为『科学之父』呢！
嗯
嗯
确实有这种称呼。不过，对于我们来说，他是『天文学之父』。
哦，是吗？
他用我们观测天体，收获了大量的成果。
1609年，身在意大利的伽利略听闻一个传言。
荷兰人好像制造了一种类似眼镜的工具，用它能看清远处的物体。
嗯……
伽利略先生

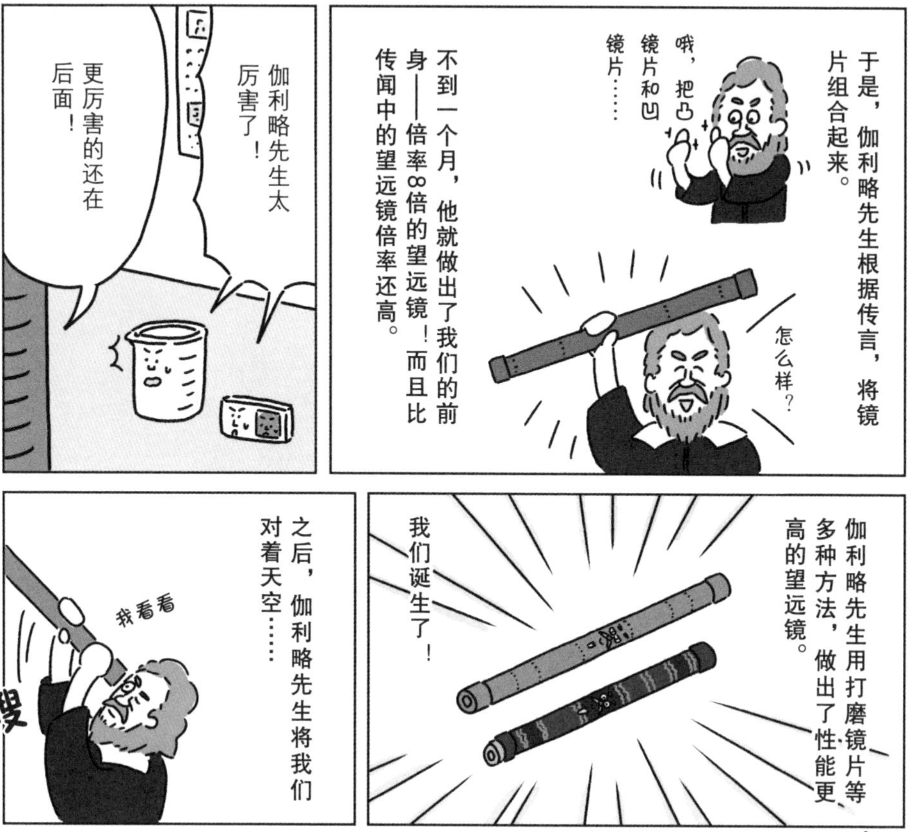
于是，伽利略先生根据传言，将镜片组合起来。
哦，把凸镜片和凹镜片……
怎么样？
不到一个月，他就做出了我们的前身——倍率8倍的望远镜！而且比传闻中的望远镜倍率还高。
伽利略先生太厉害了！
更厉害的还在后面！
伽利略先生用打磨镜片等多种方法，做出了性能更高的望远镜。
我们诞生了！
之后，伽利略先生将我们对着天空……
我看看
嗖

伽利略发现的天体现象

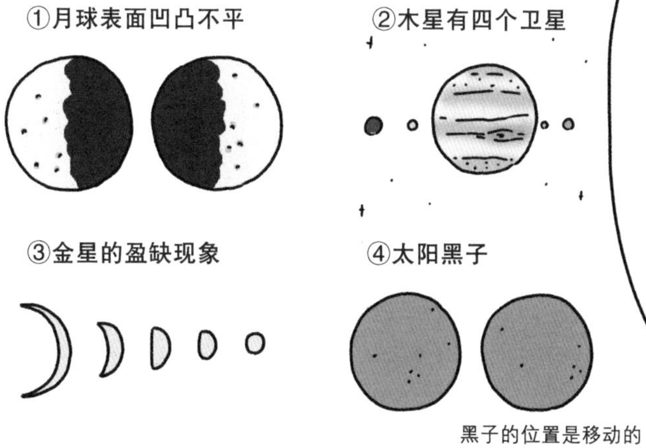
①月球表面凹凸不平
②木星有四个卫星
③金星的盈缺现象
④太阳黑子
黑子的位置是移动的

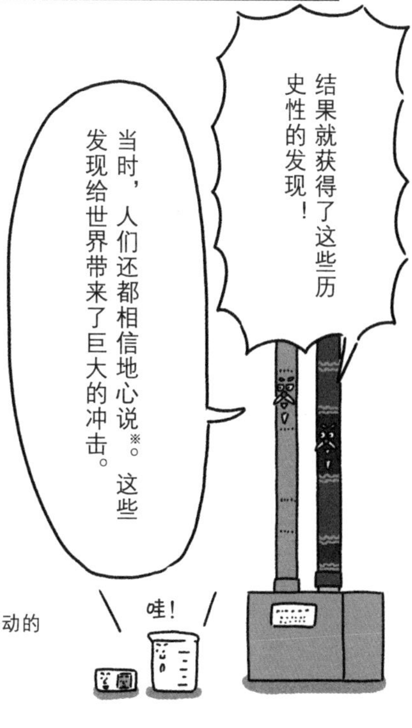
结果就获得了这些历史性的发现！
当时，人们还都相信地心说※。这些发现给世界带来了巨大的冲击。
哇！

※地心说：地球处于宇宙中心，其他天体围绕地球转动的学说。

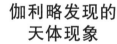

之后，伽利略先生通过金星盈缺等现象，确定了日心说是正确的。
金星是因为在太阳周围转动才产生了盈缺现象。也就是说，金星不是围绕地球转动的，而是围绕太阳转动的。地心说是错的！

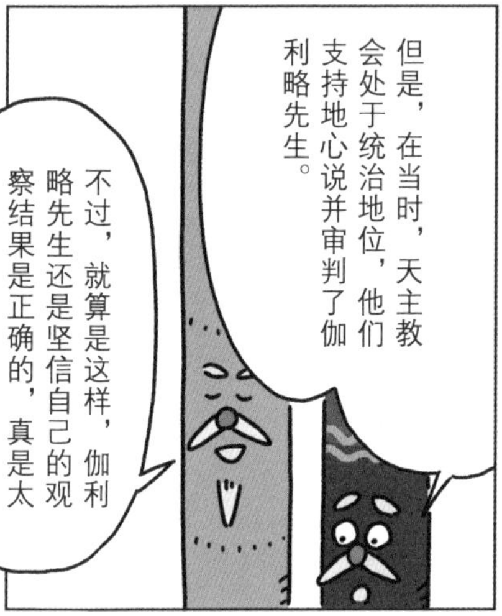
但是，在当时，天主教会处于统治地位，他们支持地心说并审判了伽利略先生。
不过，就算是这样，伽利略先生还是坚信自己的观察结果是正确的，真是太伟大了！

我们这种望远镜被称为伽利略式望远镜，这也是伽利略先生伟大之处的体现。

折射式望远镜的构造

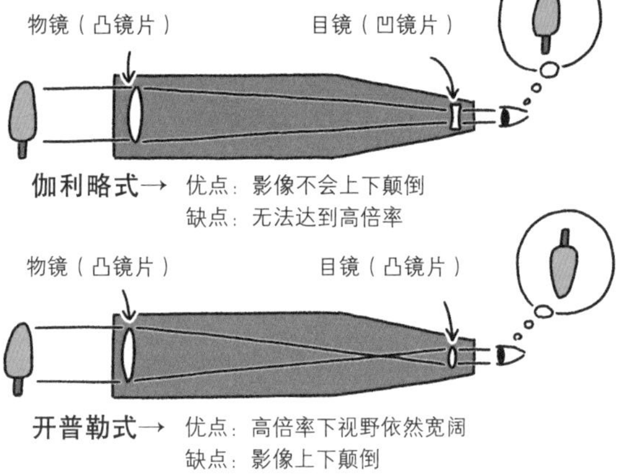
物镜（凸镜片）
目镜（凹镜片）
伽利略式→　优点：影像不会上下颠倒
缺点：无法达到高倍率
物镜（凸镜片）
目镜（凸镜片）
开普勒式→　优点：高倍率下视野依然宽阔
缺点：影像上下颠倒

不过，令人遗憾的是，伽利略式望远镜的性能很难提高。现在，它几乎只用作观剧镜了。

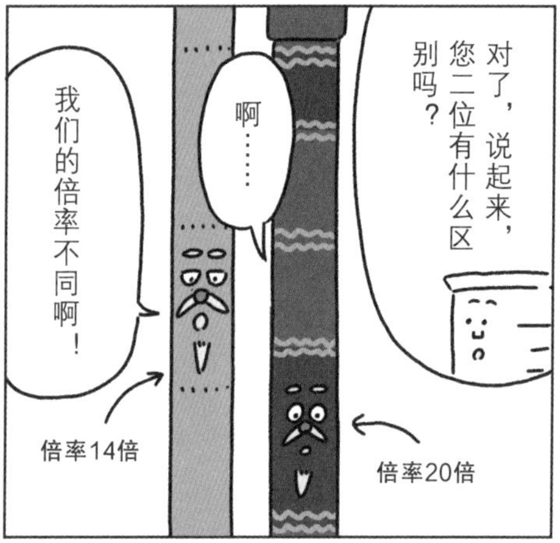
对了，说起来，您二位有什么区别吗？
啊……
我们的倍率不同啊！
倍率14倍
倍率20倍

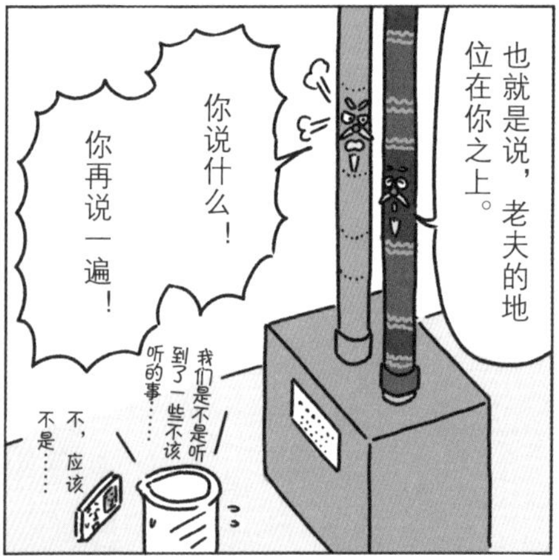
也就是说，老夫的地位在你之上。
你说什么！
你再说一遍！
我们是不是听到了一些不该听的事……
不，应该不是……

伽利略望远镜

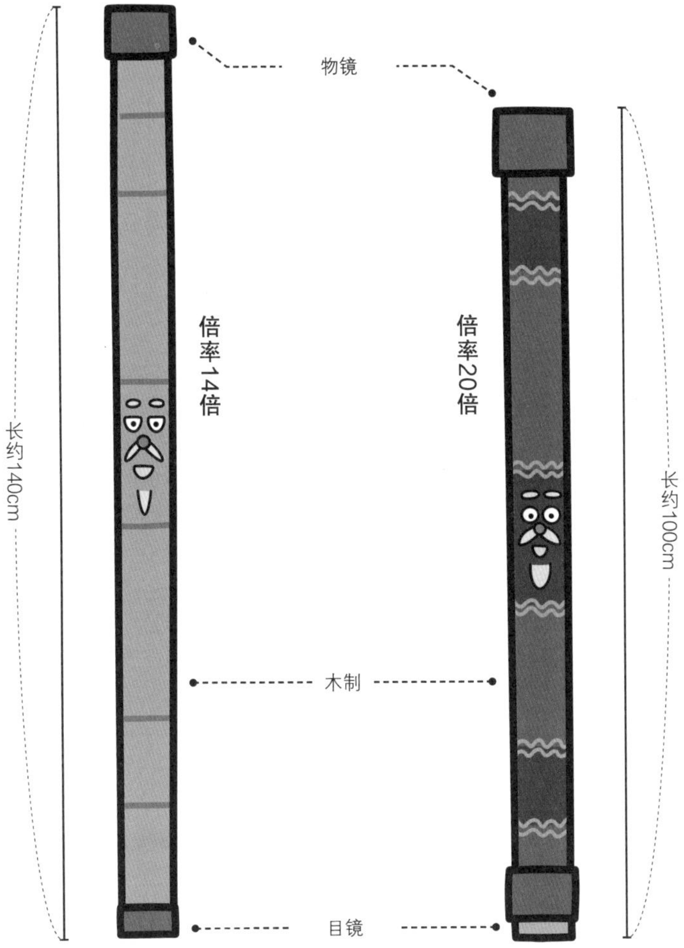
物镜
倍率14倍
倍率20倍
长约140cm
长约100cm
木制
目镜

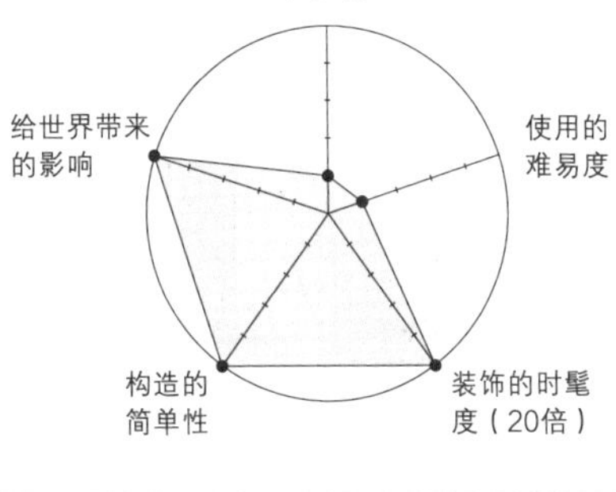
狂热度
使用的难易度
装饰的时髦度（20倍）
构造的简单性
给世界带来的影响

正式名称 伽利略式望远镜
拿手技能 观察天体等
制造年代 17世纪前半叶

小知识

伽利略将发明的望远镜赠送给国王，因此获得了更宽松的研究待遇。

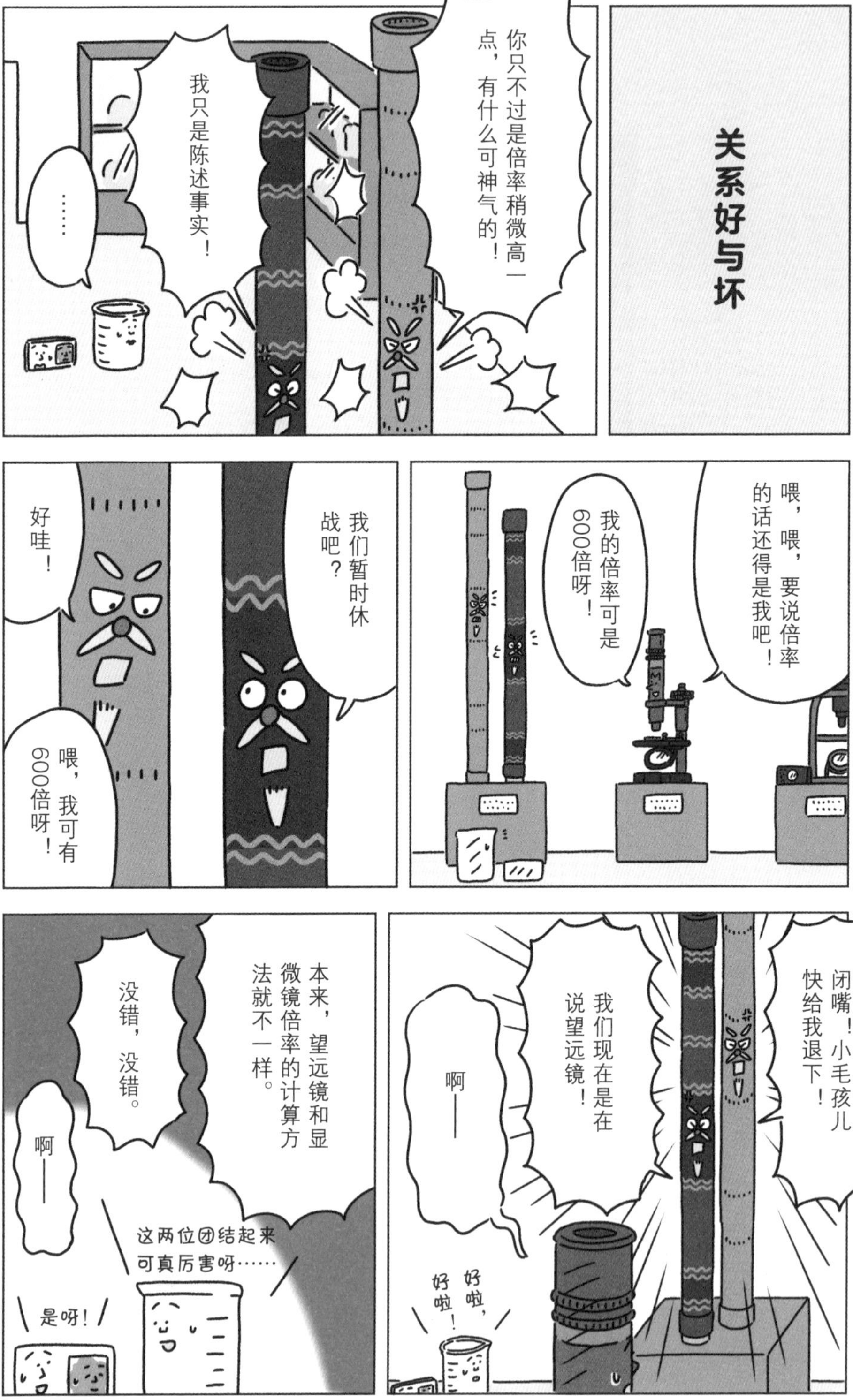
关系好与坏
你只不过是倍率稍微高一点，有什么可神气的！
我只是陈述事实！
……
喂，喂，要说倍率的话还得是我吧！
我的倍率可是600倍呀！
我们暂时休战吧？
好哇！
喂，我可有600倍呀！
闭嘴！小毛孩儿快给我退下！
我们现在是在说望远镜！
啊——
好啦，好啦！
本来，望远镜和显微镜倍率的计算方法就不一样。
没错，没错。
啊——
这两位团结起来可真厉害呀……
是呀！

留在历史中的望远镜们

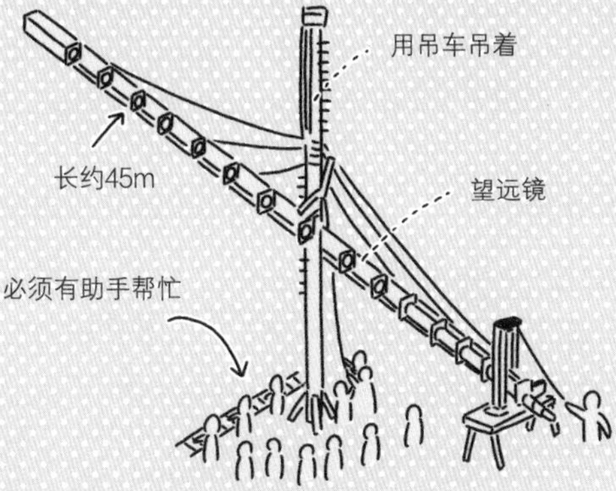
用吊车吊着
长约45m
望远镜
必须有助手帮忙

赫维留的大望远镜

这是波兰著名的天文学家赫维留（1611—1687）于1670年发明的望远镜，长约45m，这个长度是为了弥补当时的主流望远镜——折射式望远镜的缺点（影像模糊）而设计。

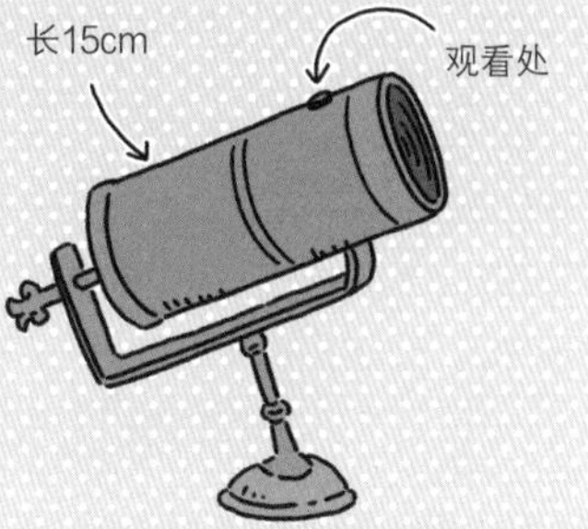
长15cm
观看处

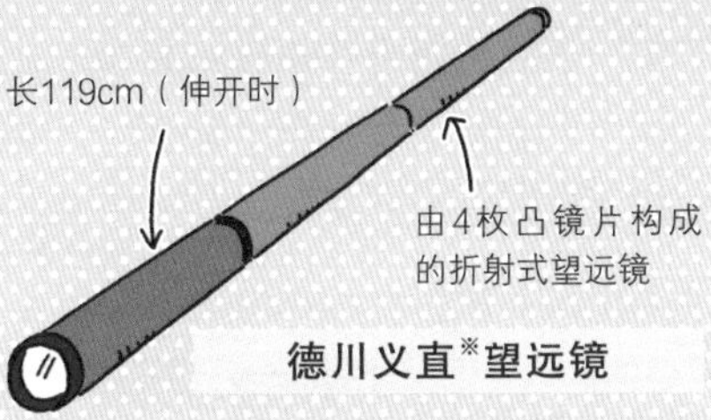
长119cm（伸开时）
由4枚凸镜片构成
的折射式望远镜

德川义直※望远镜

日本现存最古老的望远镜，1650年之前（推断）被制造出来并传入日本。德川义直（1600—1650）的遗物。

牛顿的反射望远镜

1670年，牛顿对折射式望远镜失去信心，然后通过其他的方式制造出了反射望远镜。反射望远镜的最大特点就是小巧。

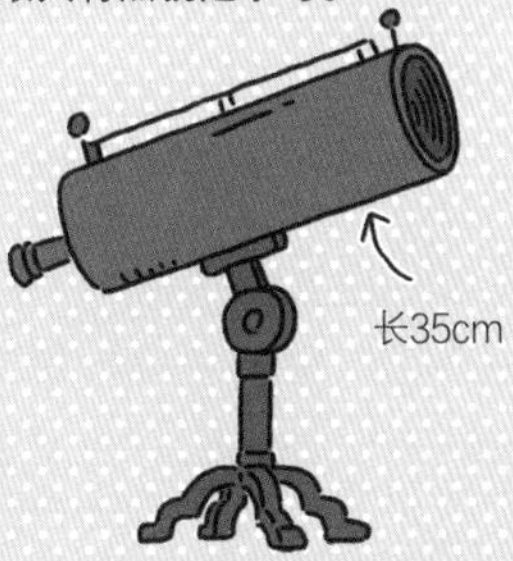
长35cm

国友一贯斋的反射望远镜

1836年，由江户幕府御用的日本枪锻造师一贯斋（1778—1840）制造的望远镜，据说其性能在当时堪称世界第一。

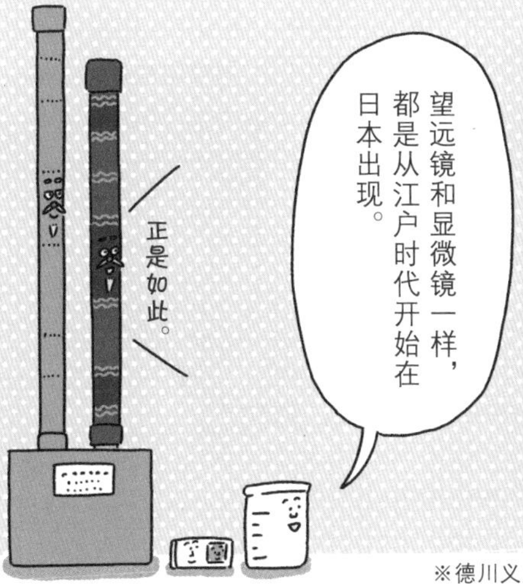
望远镜和显微镜一样，都是从江户时代开始在日本出现。
正是如此。

※德川义直：江户幕府第一代征夷大将军德川家康的九男。

我与前辈们的回忆

1

一说起显微镜，我的脑海中就会浮现出一台把手闪着金光、充满机械感的机器。然而，列文虎克显微镜只是一块带螺丝的木板。我清楚地记得，小时候在科学馆里看到它的复制品时失望的心情。而在图鉴里看到的胡克显微镜（带有多个镜片），其结构复杂、装饰华丽，不由得让我觉得胡克显微镜真伟大。

列文虎克显微镜只有一个镜片，通过极度缩短焦距获得高倍率，称之为放大镜也不为过。从原理上看，它整体构造简单也是理所当然的，我在意的是它的外观，但是当时市场上并没有这种显微镜（现在有了），我也没有机会接触它。很久之后，一位从事科学实验的前辈让我“用玻璃棒试一试”，我就立刻开始了制作。完成后，我尝试用它观察，结果吓了一跳……因为它特别“难看”。它的镜片很小，所以很难看清楚，如果不把眼睛紧贴在镜片上就什么都看不见，能用这种显微镜发现那么多观察结果，列文虎克先生真是一位有毅力、有耐心的人……我不由得这么想。

如果使用得当，列文虎克显微镜也可以看得非常清晰，根本想不到它是由玻璃球制作而成的，它的性能几乎和上万元的显微镜一样，要是将制作过程也考虑进去，它可比买来的显微镜有趣多了。列文虎克显微镜令我着迷，以至我做了50个类似的显微镜。

根据记载，列文虎克也是因为觉得有趣，才一直用显微镜观察的。后来，他受邀进入英国皇家学会，推荐人正是罗伯特·胡克，可能是列文虎克对科学持有的纯粹好奇心打动了胡克吧。作为同时代的显微镜狂热者（不，是科学家），此二人非常尊重对方，他们的成就也为后来的科学发展奠定了基础。工具的好坏并不重要，热爱科学、享受观察的乐趣才是最重要的。

CHAPTER 2

用于测量的前辈们

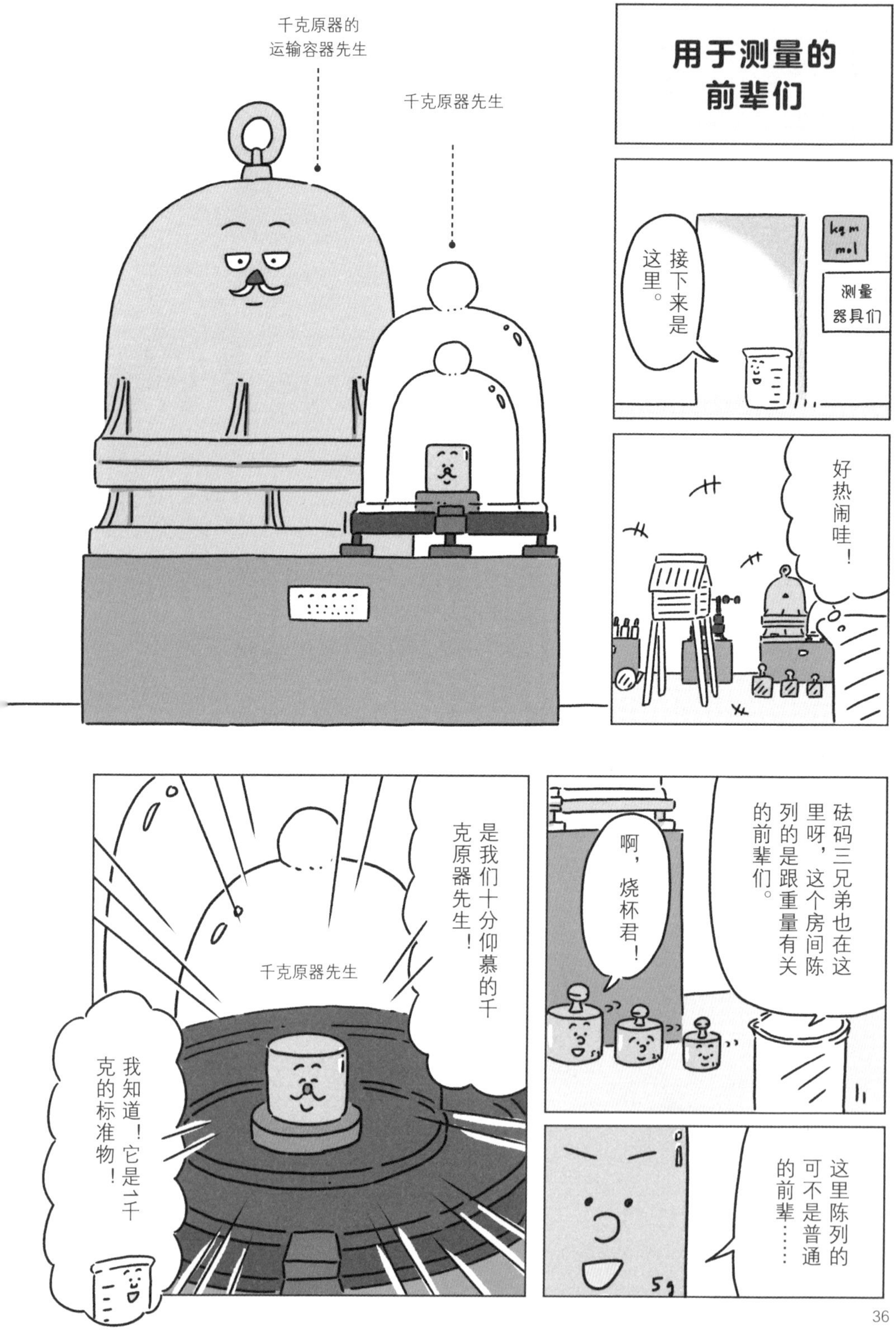
用于测量的前辈们
接下来是这里。
kg m mol
测量器具们
好热闹哇！
千克原器的运输容器先生
千克原器先生
啊，烧杯君！
砝码三兄弟也在这里呀，这个房间陈列的是跟重量有关的前辈们。
这里陈列的可不是普通的前辈……
5g
是我们十分仰慕的千克原器先生！
千克原器先生
我知道！它是1千克的标准物！

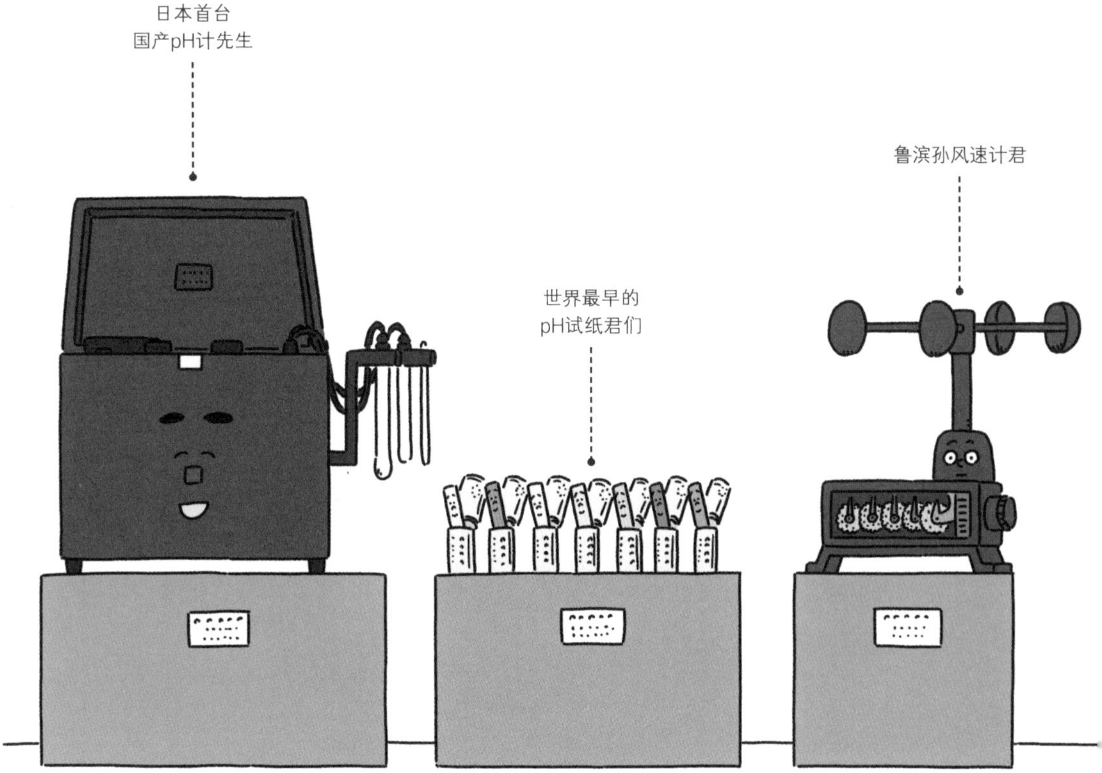
日本首台
国产pH计先生
世界最早的
pH试纸君们
鲁滨孙风速计君

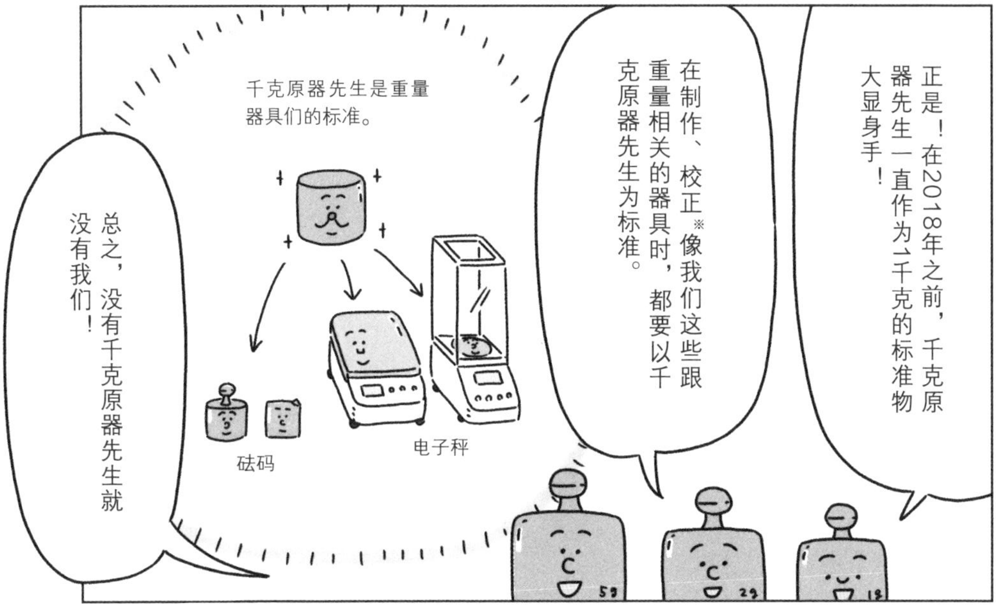
正是！在2018年之前，千克原器先生一直作为1千克的标准物大显身手！
在制作、校正※像我们这些跟重量相关的器具时，都要以千克原器先生为标准。
千克原器先生是重量器具们的标准。
砝码
电子秤
总之，没有千克原器先生就没有我们！

※校正：参考标准，用于调准精度。

可以说，千克原器先生是我们世界中的……
顶级巨星！
没错！

哈哈哈，
2018年更改了定义，我已经不是顶级的了！
但您依然很了不起！

工作了这么多年，我也有些累了，现在终于可以休息了。
毕竟已经有130年了。
啊，130年！

是的，我是从1889年开始成为标准的，
已经努力工作了大约130年啦！

起因是法国诞生了米制，以此为契机，之后才发生了各种各样的事……
1889年，比我更精确的『国际千克原器』诞生了。

千克原器

诞生的过程

18世纪末，法国制定了米制

⇩

1875年，签订米制公约

⇩

1885年，日本加入米制公约组织

⇩

1889年，将国际千克原器的质量定义为1千克

国际千克原器？

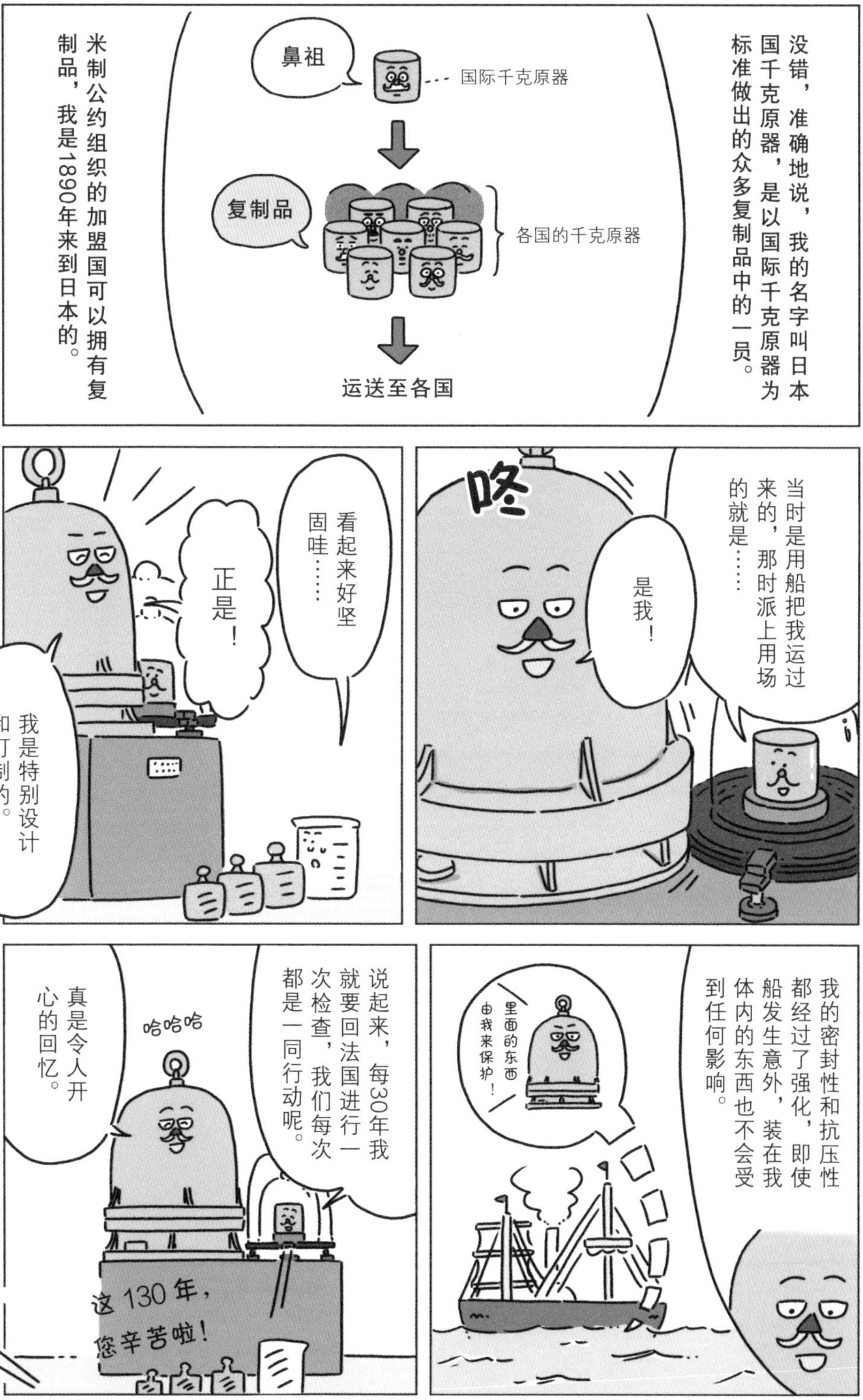

没错，准确地说，我的名字叫日本国千克原器，是以国际千克原器为标准做出的众多复制品中的一员。
鼻祖
国际千克原器
复制品
各国的千克原器
运送至各国
米制公约组织的加盟国可以拥有复制品，我是1890年来到日本的。
咚
当时是用船把我运过来的，那时派上用场的就是……
是我！
看起来好坚固哇……
正是！
我是特别设计和订制的。
我的密封性和抗压性都经过了强化，即使船发生意外，装在我体内的东西也不会受到任何影响。
里面的东西由我来保护！
说起来，每30年我就要回法国进行一次检查，我们每次都是一同行动呢。
哈哈哈
真是令人开心的回忆。
这130年，您辛苦啦！

千克原器和运输容器

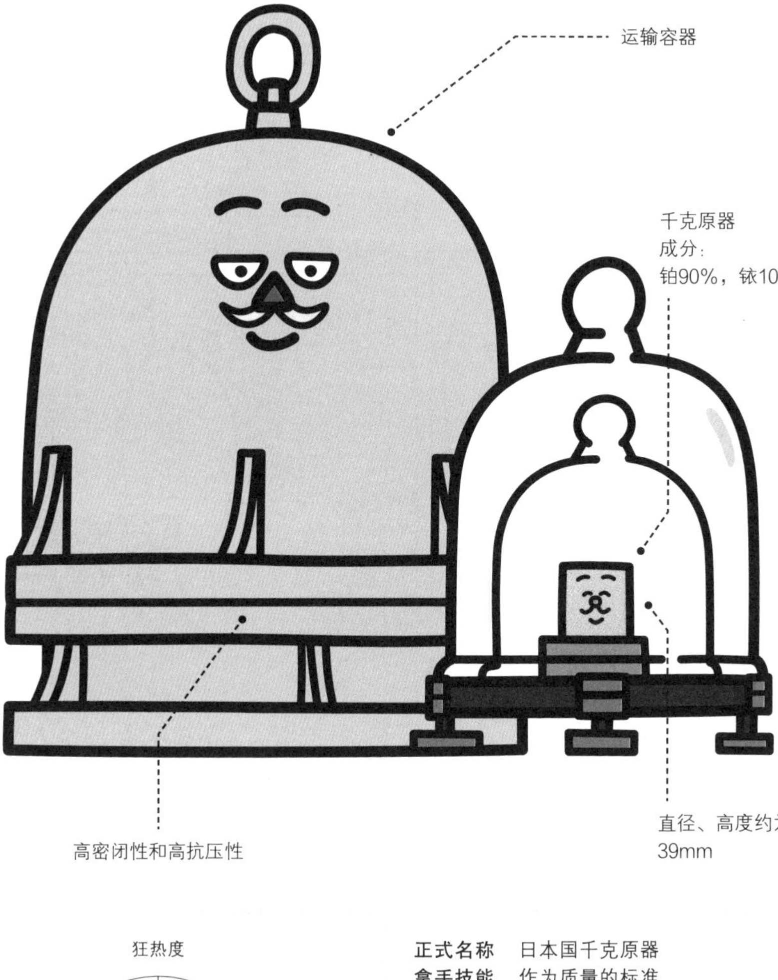
运输容器
千克原器
成分：
铂90%，铱10%
高密闭性和高抗压性
直径、高度约为
39mm

狂热度
使用的
难易度
历史价值
忍不住想直接
用手摸的程度
给世界带来
的影响

正式名称　日本国千克原器
拿手技能　作为质量的标准
制造年代　1889年

小知识

日本的千克原器基本保持在20℃、湿度0%的状态下。另外，为了防止浸水，会将它放在75cm高的台座上，并置于金库中保管。

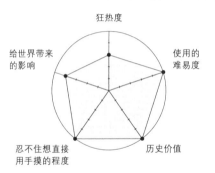

建议
啊，对了，我现在已经不是千克的标准了，而是普通的砝码。
但是对我的保管依然很严格，真是令人费解。
你们可以告诉我成为砝码后需要注意什么吗？
有需要注意的事吗？
好的，非常乐意！
还真有哇……
在盘式天平上工作的时候要站在最中间。
好的。
要和镊子君好好相处。
……
原来如此。
还有，最重要的是……
万一不小心撞到哪里，会使自身的重量发生变化，所以绝对不能滚着玩！
不不，千克原器先生不会做那种事的……
滚来滚去
滚来滚去
啊，不能滚着玩吗？
太遗憾了……
您这样想过吗？

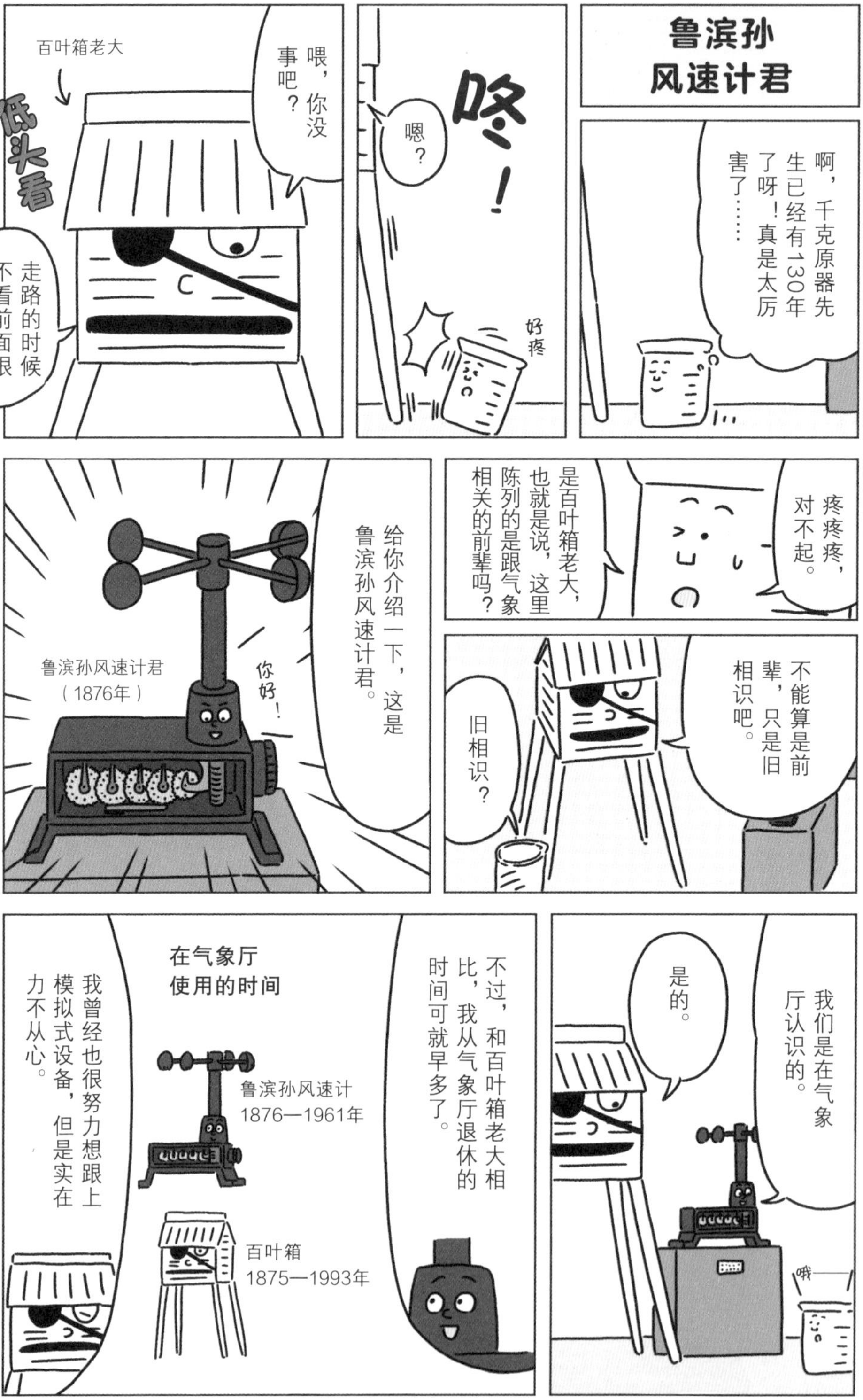
百叶箱老大
低头看
喂，你没事吧？
走路的时候不看前面很危险。
嗯？
咚！
好疼
鲁滨孙风速计君
啊，千克原器先生已经有130年了呀！真是太厉害了……
疼疼疼，对不起。
是百叶箱老大，也就是说，这里陈列的是跟气象相关的前辈吗？
给你介绍一下，这是鲁滨孙风速计君。
鲁滨孙风速计君
（1876年）
你好！
不能算是前辈，只是旧相识吧。
旧相识？
不过，和百叶箱老大相比，我从气象厅退休的时间可就早多了。
在气象厅使用的时间
鲁滨孙风速计
1876—1961年
百叶箱
1875—1993年
我曾经也很努力想跟上模拟式设备，但是实在力不从心。
我们是在气象厅认识的。
是的。
哦——

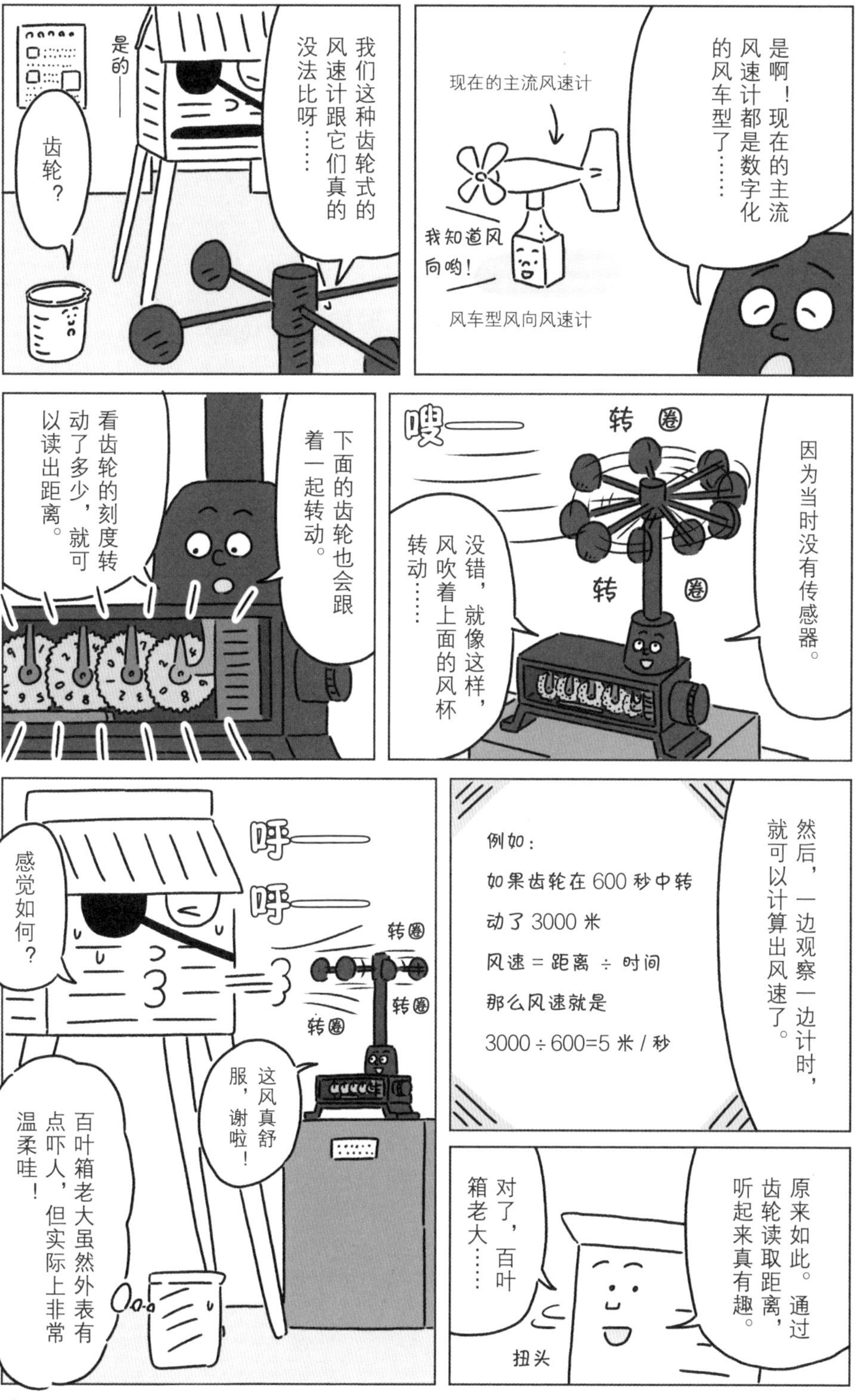
是啊！现在的主流风速计都是数字化的风车型了……
现在的主流风速计
我知道风向哟！
风车型风向风速计
我们这种齿轮式的风速计跟它们真的没法比呀……
是的——
齿轮？
因为当时没有传感器。
嗖——
转圈
转圈
没错，就像这样，风吹着上面的风杯转动……
下面的齿轮也会跟着一起转动。
看齿轮的刻度转动了多少，就可以读出距离。
然后，一边观察一边计时，就可以计算出风速了。
例如：
如果齿轮在 600 秒中转动了 3000 米
风速 = 距离 ÷ 时间
那么风速就是
3000÷600=5 米 / 秒
原来如此。通过齿轮读取距离，听起来真有趣。
对了，百叶箱老大……
扭头
呼——
呼——
转圈
转圈
转圈
感觉如何？
这风真舒服，谢啦！
百叶箱老大虽然外表有点吓人，但实际上非常温柔哇！

鲁滨孙风速计

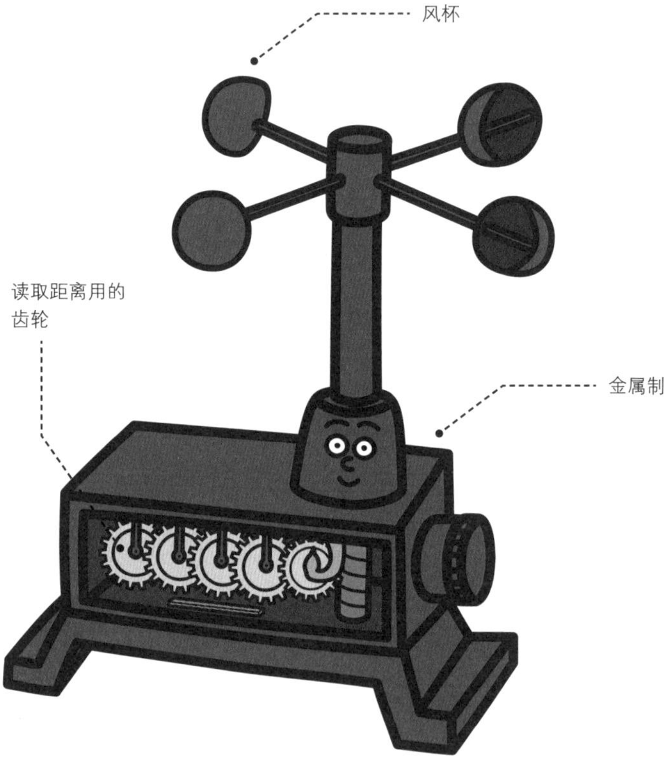
风杯
读取距离用的
齿轮
金属制

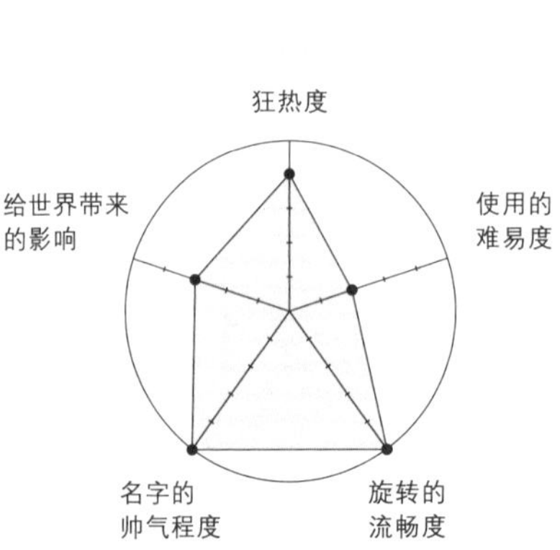
狂热度
使用的
难易度
旋转的
流畅度
名字的
帅气程度
给世界带来
的影响

正式名称 风杯型风程式风速计（鲁滨孙型）
拿手技能 测量风速
制造年代 19世纪后半叶

小知识

以前的气象厅标志就是以鲁滨孙风速计为原型设计的。

拓展

用于气象观测的仪器们

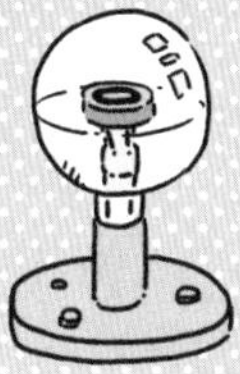

全天日射计

日射指的是阳光的能量。玻璃球内白色和黑色部分的温差会产生电压，将数据记录下来，可以计算得出全天日射量。1957年，日本英弘精机公司成功将其量产。

毛发湿度计

利用了毛发随湿度变化而伸缩的现象制成的仪器。中间的圆柱形记录纸会像发条一样旋转，从而在纸上留下数据。1915—1980年，在日本的气象厅广泛使用。

蒸发计

放入定量的水，通过测量减少的水量推算水的蒸发量。金属栅栏是为了防止鸟类饮水而设。1965年之前，在日本的气象厅广泛使用。

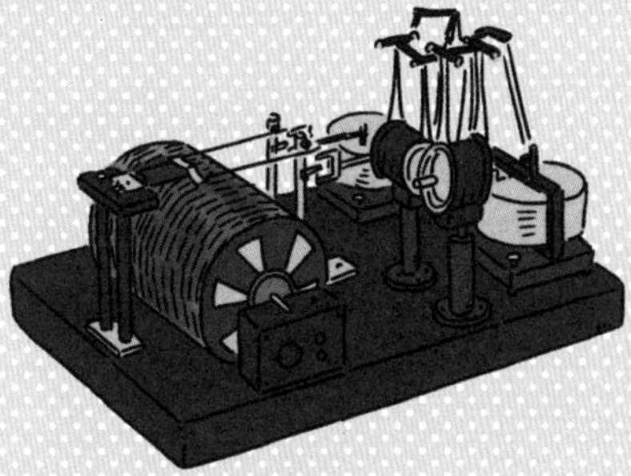

简单微动计

结构简单且廉价的地震仪，通过两个水平摆的运动感知震动。地震发生时，水平摆运动并带动与之相连的针头，使针头在大鼓的记录纸上移动，将震动记录下来。20世纪40年代，在日本的气象厅广泛使用。

风筝

用于调查高空气象状况的仪器。该仪器上装载了自记气压计、温度计、风速计等，可以飞上3000m的高空。1922—1946年，在日本的气象厅广泛使用。

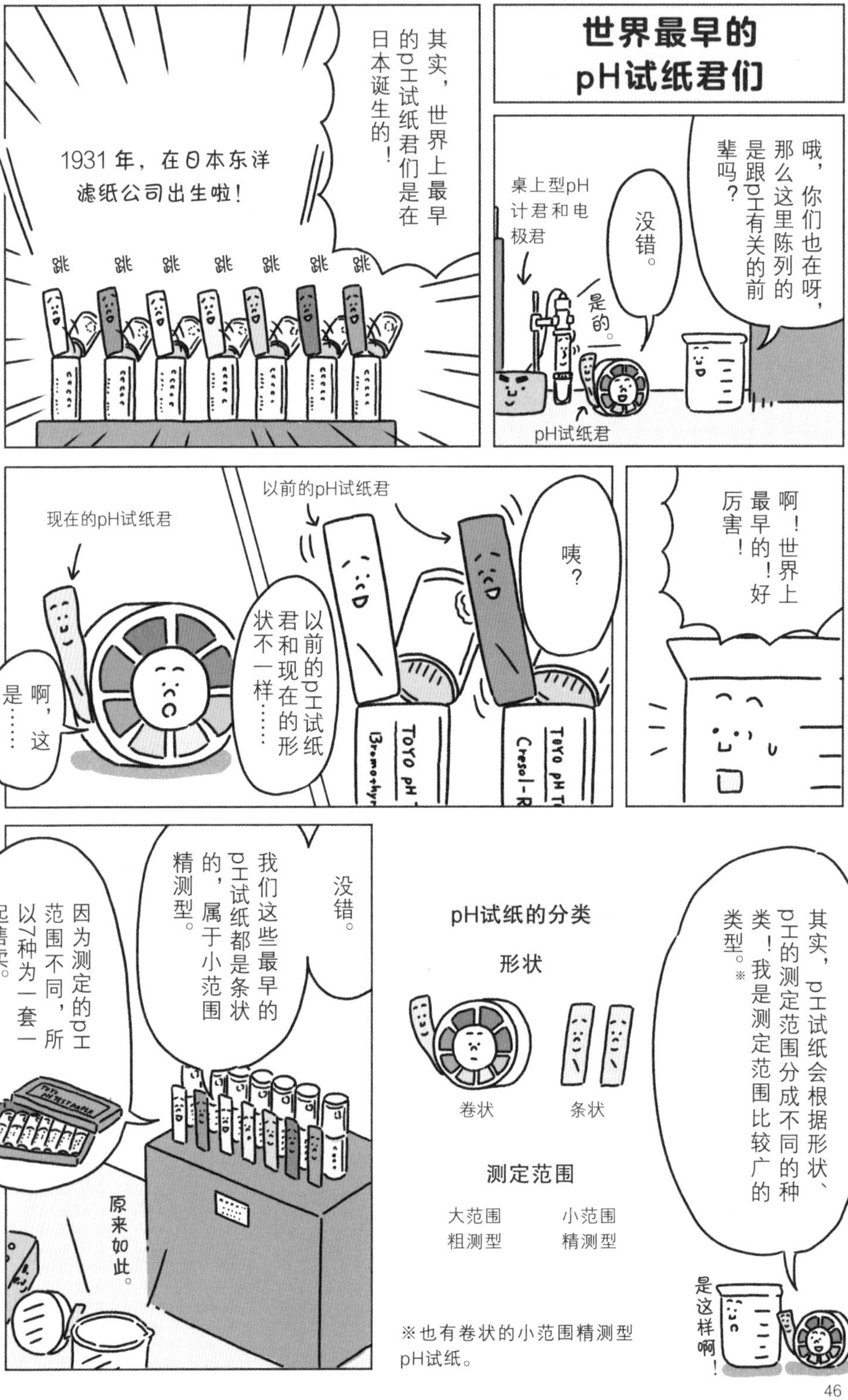
世界最早的pH试纸君们
哦，你们也在呀，那么这里陈列的是跟pH有关的前辈吗？
没错。
是的。
桌上型pH计君和电极君
pH试纸君
其实，世界上最早的pH试纸君们是在日本诞生的！
1931年，在日本东洋滤纸公司出生啦！
跳 跳 跳 跳 跳 跳 跳
啊！世界上最早的！好厉害！
咦？
以前的pH试纸君
现在的pH试纸君
以前的pH试纸君和现在的形状不一样……
啊，这是……
TOYO pH
Bromothy
TOYO pH T
Cresol-R
其实，pH试纸会根据形状、pH的测定范围分成不同的种类！我是测定范围比较广的类型。※
是这样啊！
pH试纸的分类
形状
卷状
条状
测定范围
大范围
粗测型
小范围
精测型
※也有卷状的小范围精测型pH试纸。
没错。
我们这些最早的pH试纸都是条状的，属于小范围精测型。
因为测定的pH范围不同，所以7种为一套一起售卖。
TOYO pH TEST PAPER
原来如此。

使用方法和现在的pH试纸一样。先将想要测定pH值的液体涂抹在pH试纸上，再将pH试纸上出现的颜色与比色卡对比，就可以判断pH值了。
玻璃棒
接触
样本
变色了
比色卡
6.4
6.6
6.8
7.0
pH值是6.6！
20世纪30年代就做出了和现在几乎一样的东西，真是令人吃惊！
那时候就已经成形了呀！
是的！
不过，开始阶段还是费了不少功夫。
我们刚问世的时候，pH还不受重视呢！
有些学者还说我们是玩具。
这不就是玩具！
是的
没错
可不是嘛
还有这种事呀……
但是，实业界的人们发现了我们的便利之处……
我们被用在了各行各业。
用这个就可以轻松地调整pH了！
金属加工业者
哇！
这个可以用来检查酒的质量！
酿酒业者
酱油酿造业者
现在，pH和pH试纸已经十分普遍了，在中小学的实验课中也会用到。
多亏了我们，pH的重要性才显现出来。
谢谢你们！
说你们是玩具的人，一定没想到未来会发展成这样吧！
对不起呀！
哈哈哈，是吧！

世界最早的pH试纸

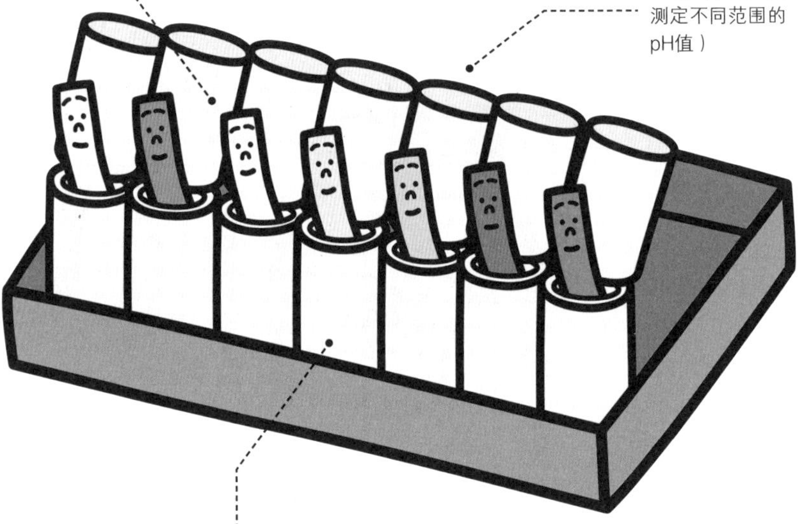
条状
一套7种（分别
测定不同范围的
pH值）
筒状容器

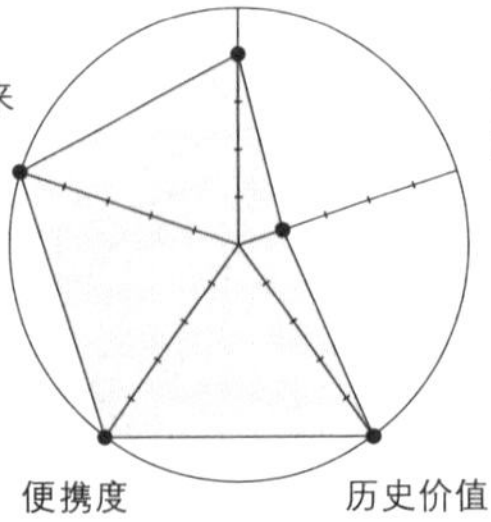
狂热度
使用的
难易度
历史价值
便携度
给世界带来
的影响

正式名称　pH试纸
拿手技能　轻松测定pH值
制造年代　1931年

小知识

最初发售时并不叫pH试纸，而是叫氢离子浓度试纸。

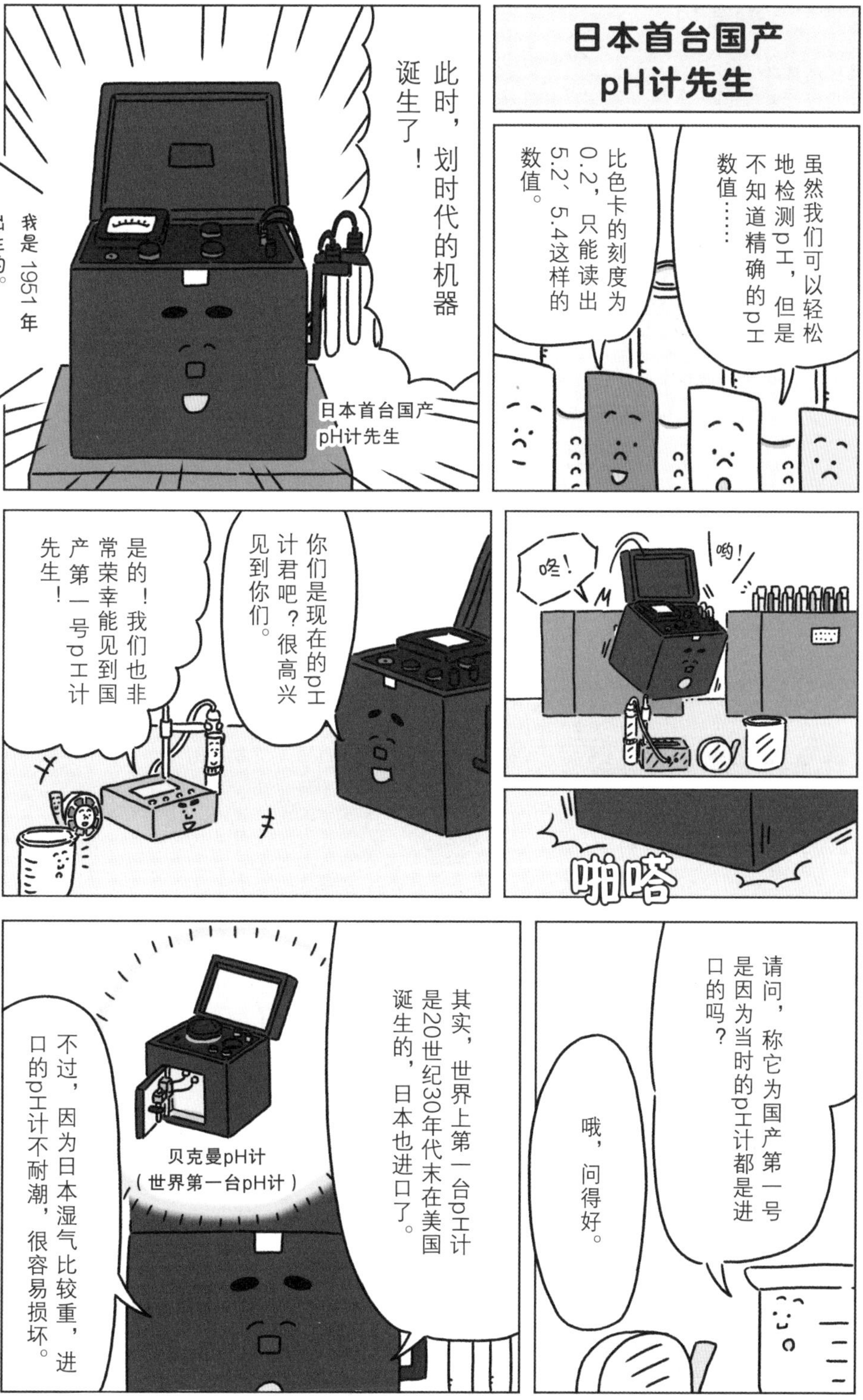
日本首台国产
pH计先生
虽然我们可以轻松地检测pH，但是不知道精确的pH数值……
比色卡的刻度为0.2，只能读出5.2、5.4这样的数值。
此时，划时代的机器诞生了！
我是1951年出生的。
日本首台国产
pH计先生
咚！
哟！
啪嗒
你们是现在的pH计君吧？很高兴见到你们。
是的！我们也非常荣幸能见到国产第一号pH计先生！
请问，称它为国产第一号是因为当时的pH计都是进口的吗？
哦，问得好。
其实，世界上第一台pH计是20世纪30年代末在美国诞生的，日本也进口了。
贝克曼pH计
（世界第一台pH计）
不过，因为日本湿气比较重，进口的pH计不耐潮，很容易损坏。

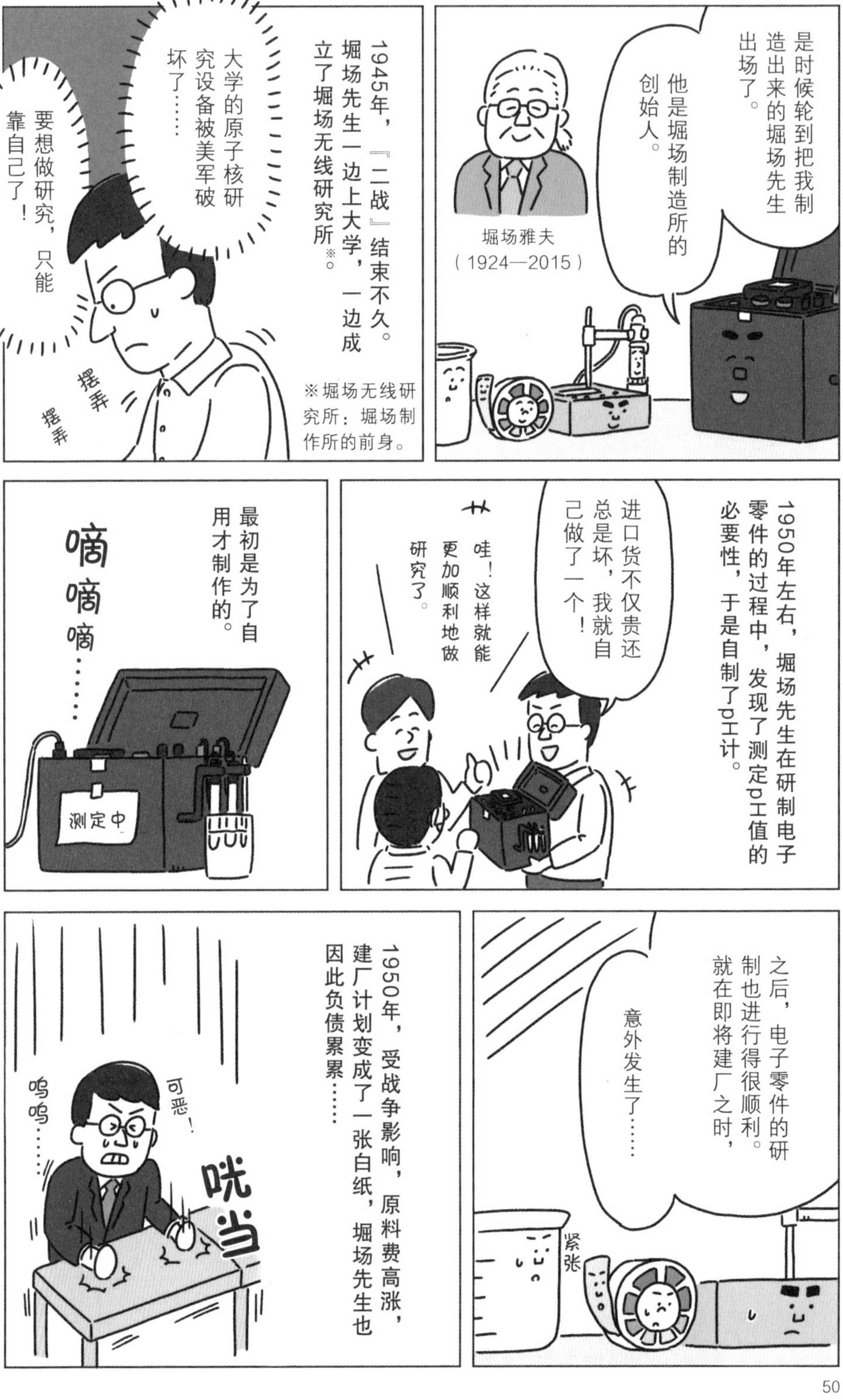
是时候轮到把我制造出来的堀场先生出场了。
他是堀场制造所的创始人。
堀场雅夫
（1924—2015）
1945年，『二战』结束不久。堀场先生一边上大学，一边成立了堀场无线研究所※。
大学的原子核研究设备被美军破坏了……
要想做研究，只能靠自己了！
摆弄
摆弄
※堀场无线研究所：堀场制作所的前身。
1950年左右，堀场先生在研制电子零件的过程中，发现了测定pH值的必要性，于是自制了pH计。
进口货不仅贵还总是坏，我就自己做了一个！
哇！这样就能更加顺利地做研究了。
最初是为了自用才制作的。
嘀嘀嘀……
测定中
之后，电子零件的研制也进行得很顺利。就在即将建厂之时，
意外发生了……
紧张
1950年，受战争影响，原料费高涨，建厂计划变成了一张白纸，堀场先生也因此负债累累……
可恶！
呜呜……
咣当

目前的情况十分艰难。
必须想点办法……
投资少又能卖出去的东西……
左看右看
有了！pH计呀！
不用花多少材料费就可以做出来！
测定中
于是，我一经出售就大受欢迎！
这个真好，不怕湿气，很结实！
而且非常耐用！
pH计就买国产的了！
堀场先生因此渡过了经营危机，公司也逐渐壮大。pH计也得到了改良。
pH计竟然挽救了公司，真了不起！
这没什么。不过，我还真没想到，现在的pH计竟然能做得这么小，只有我的一半大。
是的！100年之后会变得更小吧！
变得更小……

日本首台国产pH计

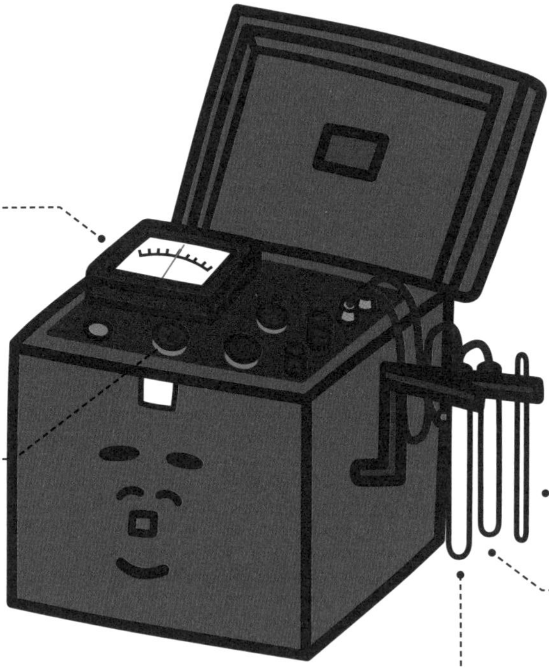
pH显示器
电源
温度计
玻璃电极
参比电极

狂热度
使用的难易度
历史价值
便携度
给世界带来的影响

正式名称 pH计H型
拿手技能 精确测定pH值
制造年代 1951年

小知识

机身背面有一扇小门，里面用来收纳电极。

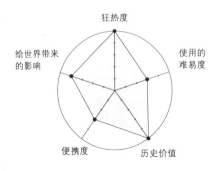

堀场制作所制造的桌上型pH计的发展史

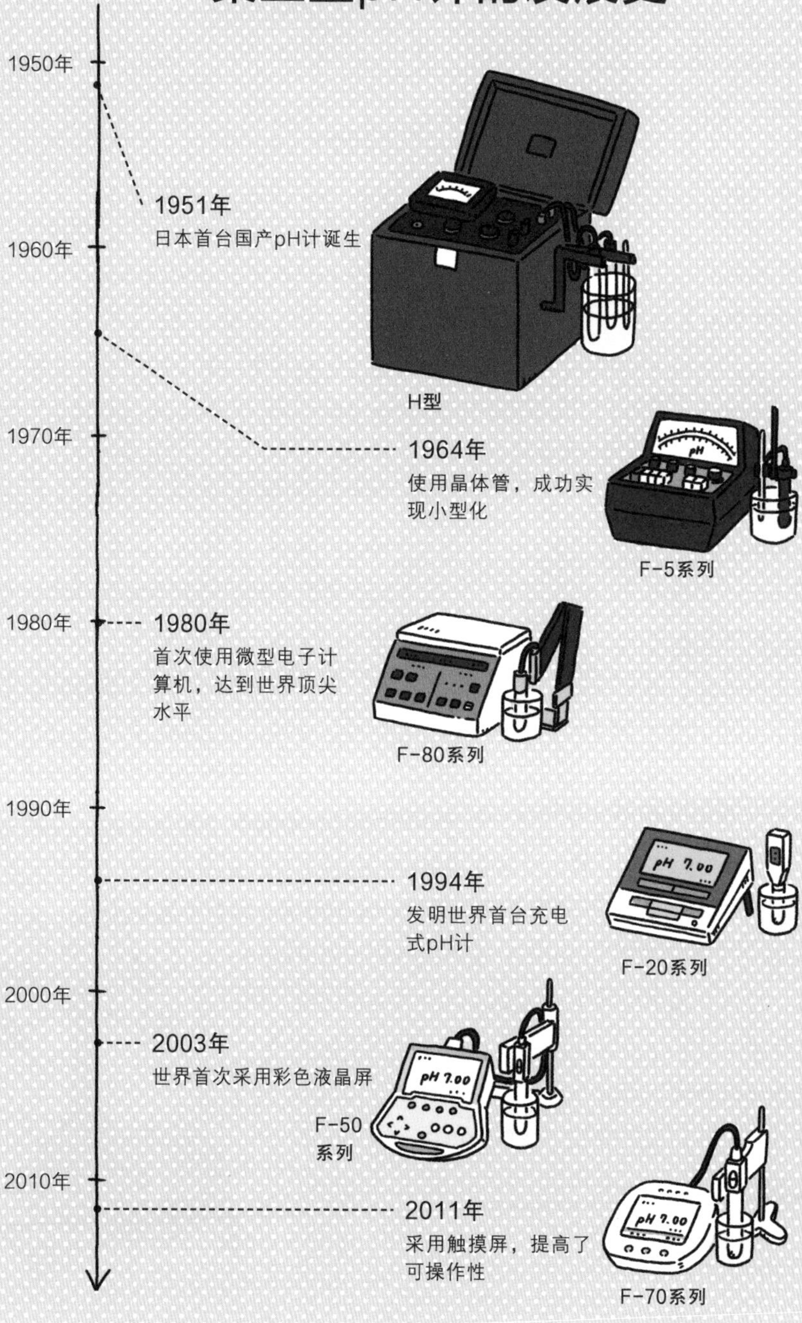
1950年
1951年
日本首台国产pH计诞生
1960年
H型
1970年
1964年
使用晶体管，成功实现小型化
pH
F-5系列
1980年
1980年
首次使用微型电子计算机，达到世界顶尖水平
F-80系列
1990年
1994年
发明世界首台充电式pH计
pH 7.00
F-20系列
2000年
2003年
世界首次采用彩色液晶屏
pH 7.00
F-50系列
2010年
2011年
采用触摸屏，提高了可操作性
pH 7.00
F-70系列

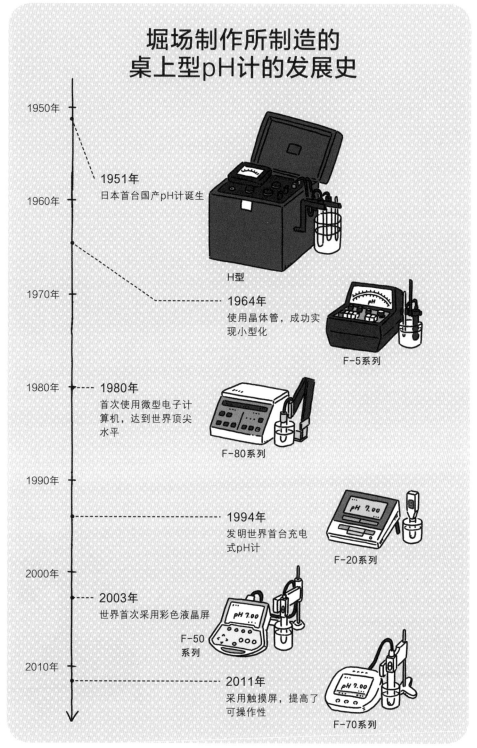

我与前辈们的回忆

2

从前，学校、公共设施的角落里总会有一个气象观测站，不过近年已经换成了气象资料自动集取系统（AMeDAS）。为了防止地面光热反射影响观测结果，观测站的白色百叶箱总是被放在草坪上，它们一直笔直地站立着。怀着崇敬的心情打开百叶箱的门，就会看到里面一长排“用于测量的前辈们”坐镇其中：高低温度计、空盒气压计、干湿球温度计……每一个都深深吸引着科学少年的心。在这些充满机械魅力的仪器中，尤其值得一提的是鲁滨孙风速计，其侧面立柱上的风杯会在风的作用下不停地转动，看起来十分帅气。

风用肉眼看不见，也很难测量，历史上出现过各种各样的测量仪器。早期，在本书第一章登场的罗伯特·胡克就发明了一种风压计：将木板悬挂起来，通过木板被风吹起的倾斜角度来测量风压。之后也诞生了无数的风速计：将管子一端朝向上风口测试风压的达因风仪，通过螺旋桨的旋转次数测量风速的飞机型风速计，外观像小型换气扇的翼式风速计等。富士山山顶的气象站（2004年关闭，现在使用自动设备观测），冬天会因为可动装置结冰而无法使用风速计，所以早期设计了一种立杆型装置，通过它的弯曲程度来测量风速。现在的风速计，既有能测量空气中超音波速度（随着空气流量发生变化）的，也有能测量加热物体被风冷却程度的……这些发明正是科学家围绕“测量风”这一主题，不断挑战、发挥丰富想象力创造的产物。

19世纪中叶发明的鲁滨孙风速计就是气象观测仪器中的代表，它依靠多个风杯旋转测量风速。虽然现在已经不用它观测风速了，但是在船舶、机场、高层建筑上依然可以看到其身影。它的用法正如本章所述，通过齿轮的刻度读出风杯的旋转次数，然后经过计算就能知道风速了。现在，已经改用电代替机械齿轮记录风杯的旋转次数，并自动计算风速了。

CHAPTER 3

用于计算的前辈们

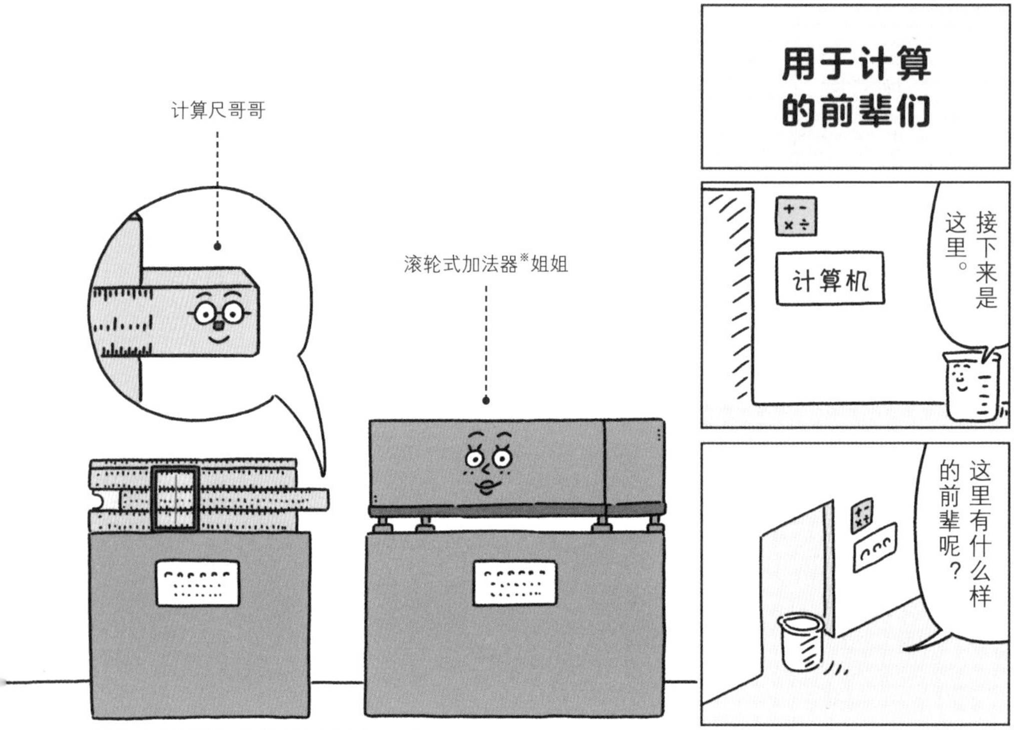
用于计算的前辈们
接下来是这里。
计算机
这里有什么样的前辈呢？
计算尺哥哥
滚轮式加法器※姐姐

※滚轮式加法器：帕斯卡称它为Pascaline。

呀，烧杯君，这边。
哦
这里陈列的是函数计算器机器人的前辈们吧！
函数计算器机器人
从很早以前就有计算了，这里陈列的都是17世纪之后诞生的前辈们。
没错。
是这样啊！

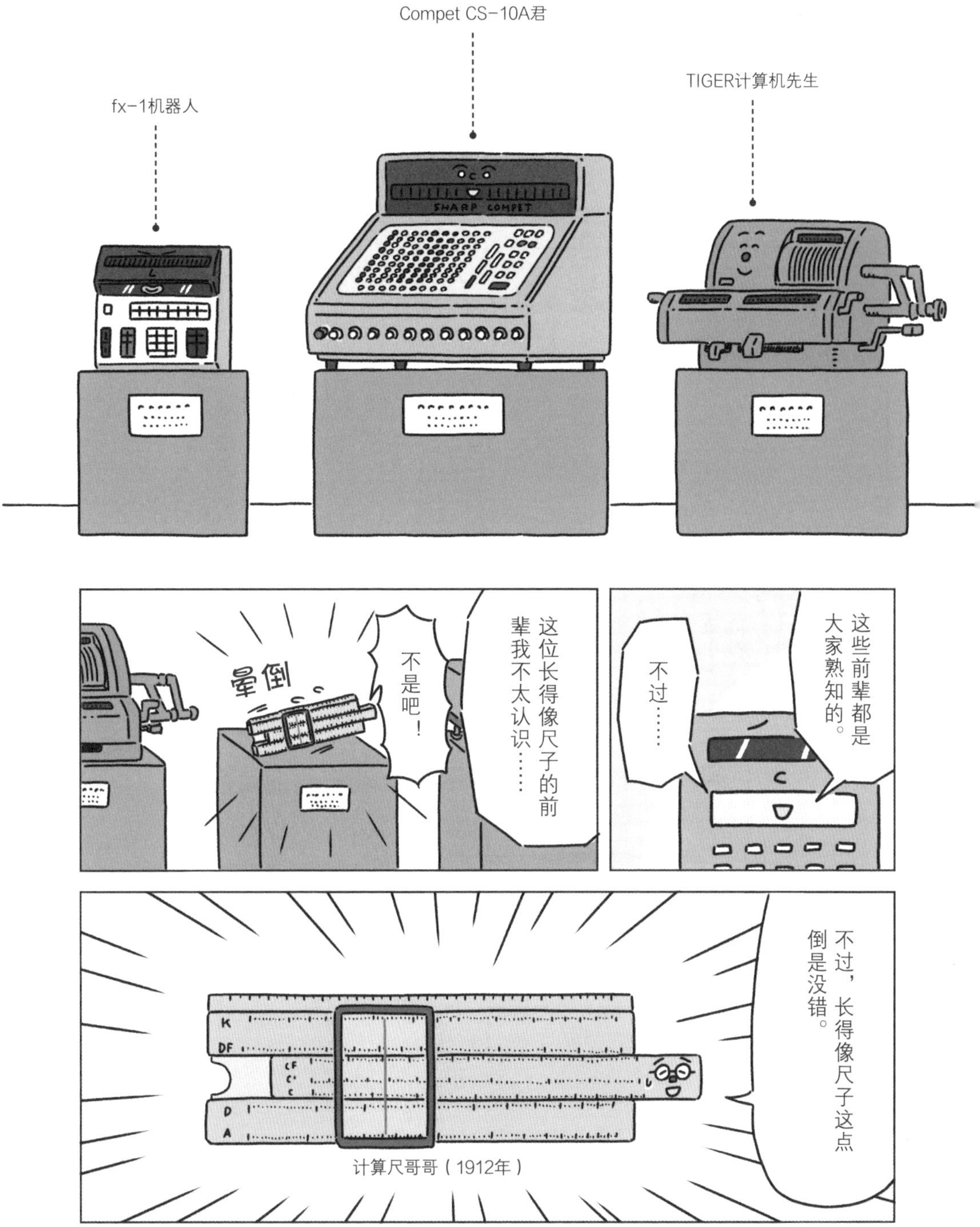
fx-1机器人
Compet CS-10A君
TIGER计算机先生
这些前辈都是大家熟知的。
不过……
这位长得像尺子的前辈我不太认识……
不是吧！
晕倒
不过，长得像尺子这点倒是没错。
计算尺哥哥（1912年）

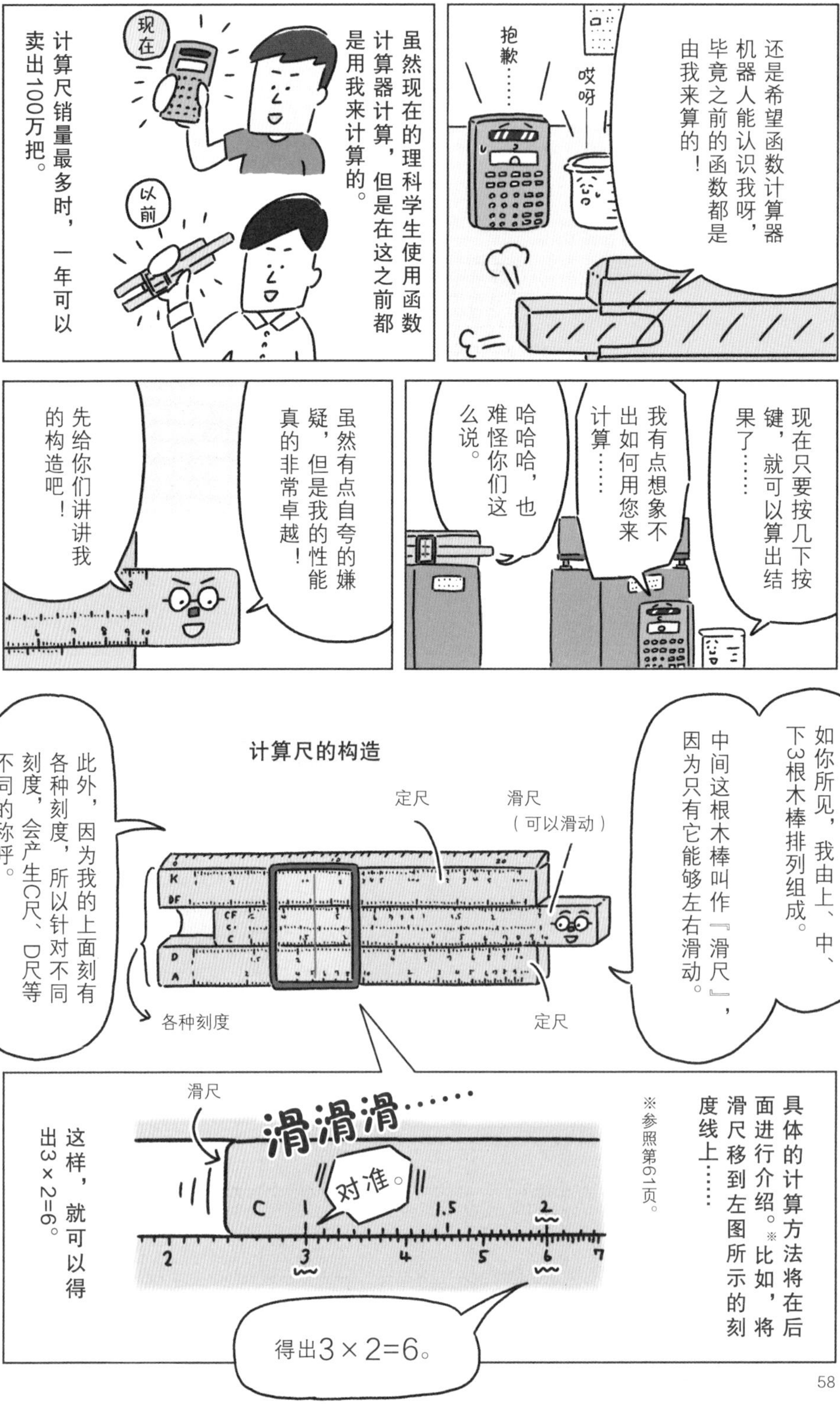
还是希望函数计算器机器人能认识我呀，毕竟之前的函数都是由我来算的！
抱歉……
哎呀
虽然现在的理科学生使用函数计算器计算，但是在这之前都是用我来计算的。
现在
以前
计算尺销量最多时，一年可以卖出100万把。
现在只要按几下按键，就可以算出结果了……
我有点想象不出如何用您来计算……
哈哈哈，也难怪你们这么说。
虽然有点自夸的嫌疑，但是我的性能真的非常卓越！
先给你们讲讲我的构造吧！
如你所见，我由上、中、下3根木棒排列组成。
中间这根木棒叫作『滑尺』，因为只有它能够左右滑动。
计算尺的构造
定尺
滑尺
（可以滑动）
各种刻度
定尺
此外，因为我的上面刻有各种刻度，所以针对不同刻度，会产生C尺、D尺等不同的称呼。
具体的计算方法将在后面进行介绍。※比如，将滑尺移到左图所示的刻度线上……
※参照第61页。
滑尺
滑滑滑……
对准。
这样，就可以得出3×2=6。
得出3×2=6。

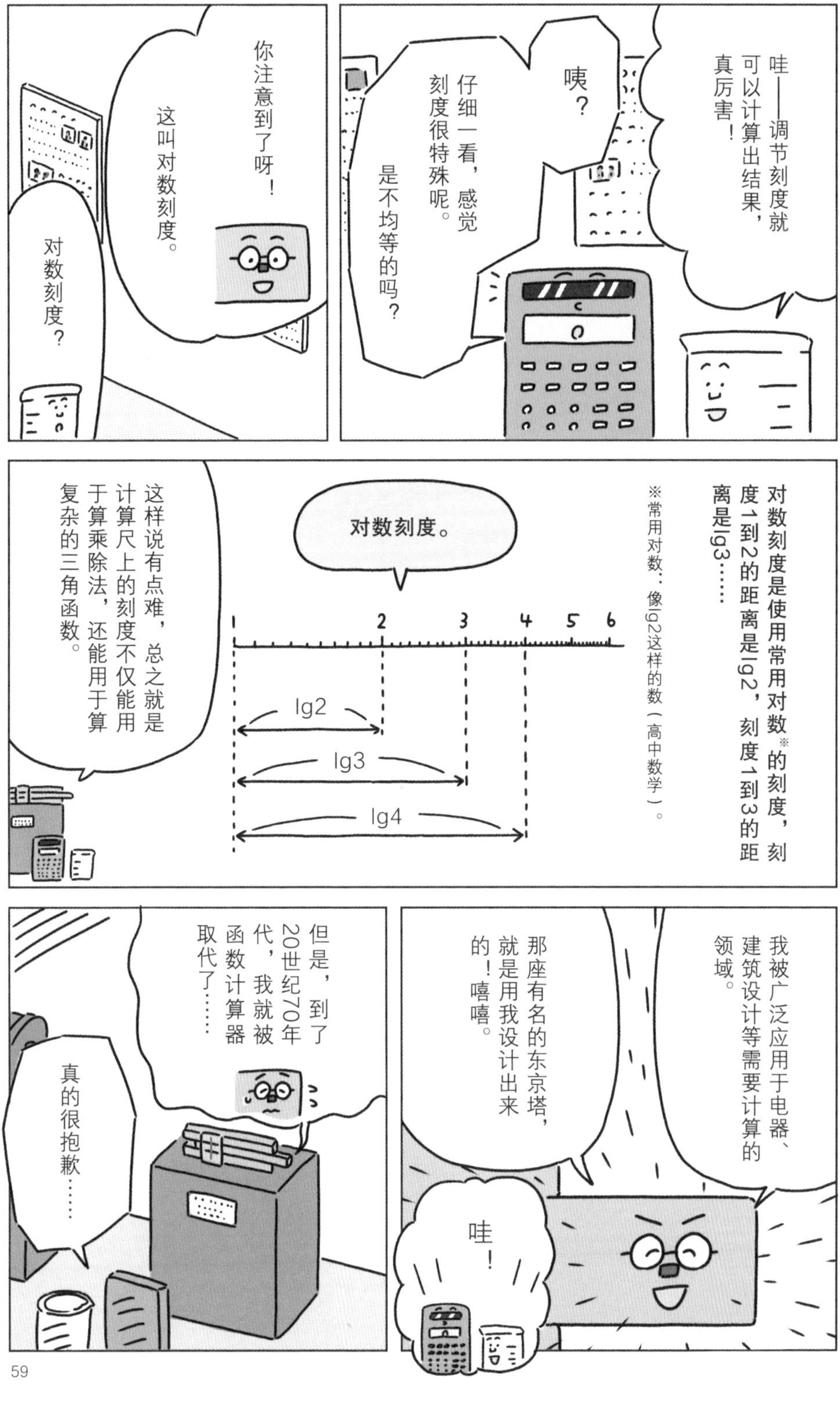
哇——调节刻度就可以计算出结果，真厉害！
咦？
仔细一看，感觉刻度很特殊呢。
是不均等的吗？
你注意到了呀！
这叫对数刻度。
对数刻度？
对数刻度是使用常用对数※的刻度，刻度1到2的距离是lg2，刻度1到3的距离是lg3……
※常用对数：像lg2这样的数（高中数学）。
对数刻度。
1 2 3 4 5 6
lg2
lg3
lg4
这样说有点难，总之就是计算尺上的刻度不仅能用于算乘除法，还能用于算复杂的三角函数。
我被广泛应用于电器、建筑设计等需要计算的领域。
那座有名的东京塔，就是用我设计出来的！嘻嘻。
哇！
但是，到了20世纪70年代，我就被函数计算器取代了……
真的很抱歉……

计算尺

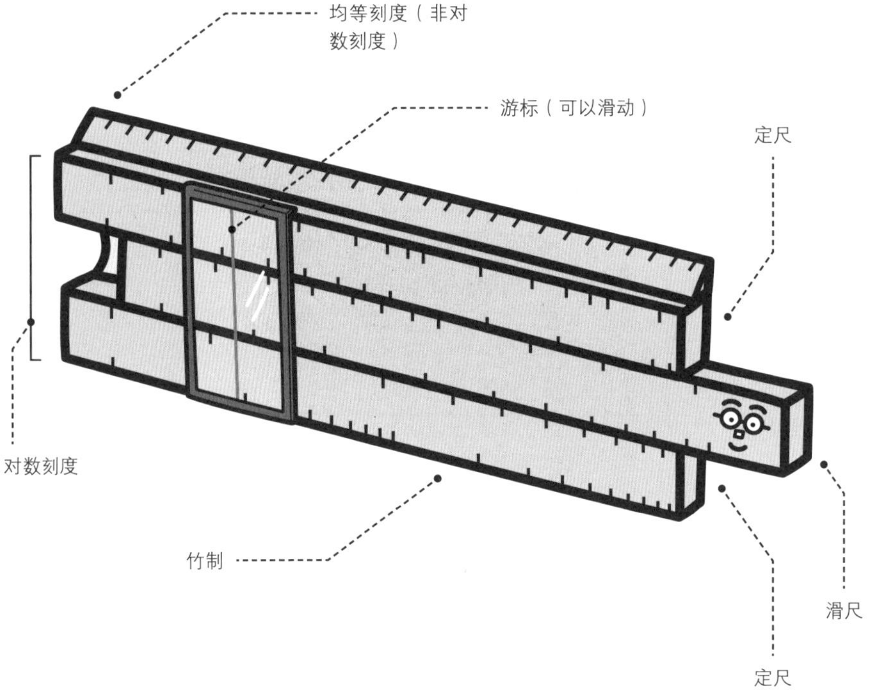

均等刻度（非对数刻度）
游标（可以滑动）
定尺
对数刻度
竹制
滑尺
定尺

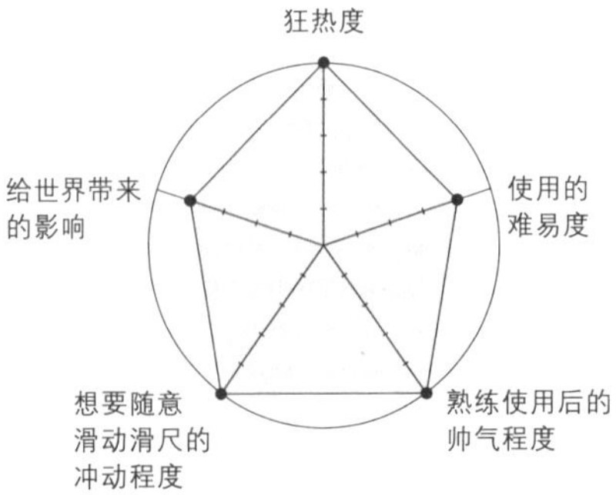

狂热度
给世界带来的影响
使用的难易度
想要随意滑动滑尺的冲动程度
熟练使用后的帅气程度

正式名称 HEMMI计算尺
拿手技能 通过调节刻度进行复杂计算
制造年代 1912年

小知识

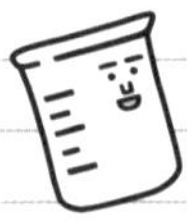

除了普通计算尺，还有用于特定领域的卡路里计算尺、航空计算尺等。

使用计算尺计算的示例

（计算尺型号No.2664S）

（1）计算1.5×3.2

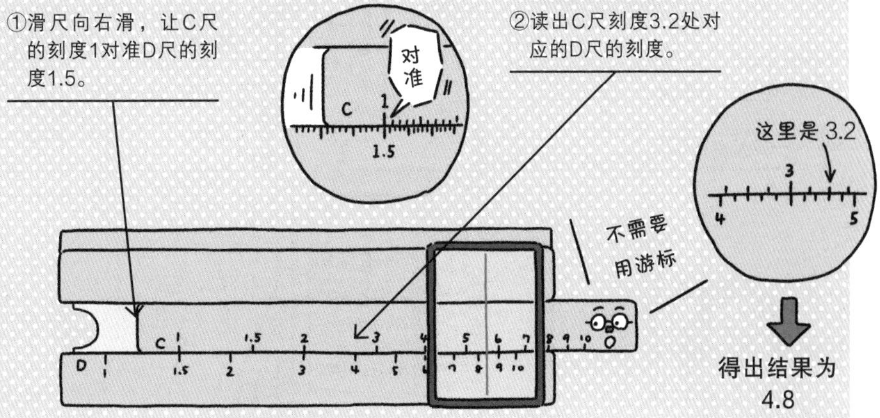
①滑尺向右滑，让C尺的刻度1对准D尺的刻度1.5。
对准
②读出C尺刻度3.2处对应的D尺的刻度。
这里是3.2
不需要用游标
得出结果为4.8

（2）计算2^3（也就是2×2×2）※

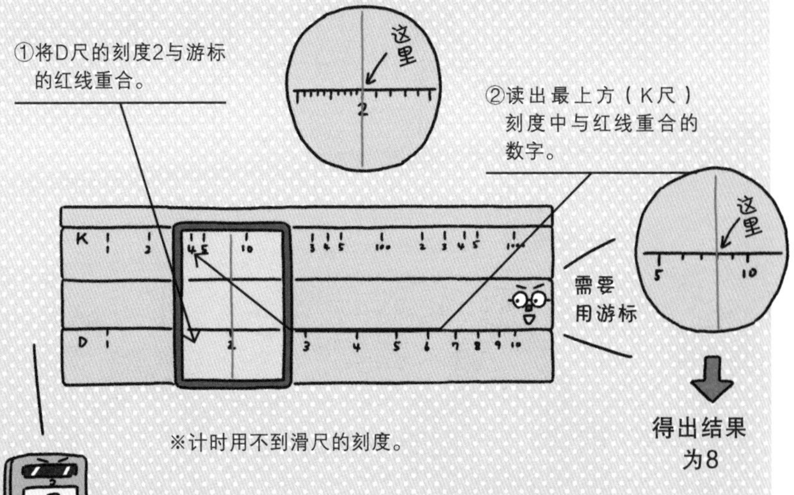
①将D尺的刻度2与游标的红线重合。
这里
②读出最上方（K尺）刻度中与红线重合的数字。
这里
需要用游标
得出结果为8

※计时用不到滑尺的刻度。

我可以一下子算出结果！

滚轮式加法器姐姐
啊，接下来介绍的这位，
拜托你啦！
是来自法国的滚……
滚轮式加法器姐姐！
我当然知道！
你知道哇！
可是你都不认识我……
滚轮式加法器姐姐在法国出生，是现存最古老的机械计算机。
你很了解呀！
嘿嘿。
机器人君说得没错，
我是17世纪在法国诞生的。
帕斯卡先生发明了我。他的名字后来被用作压力单位的名称。
人是一根会思考的芦苇。
布莱瑟·帕斯卡
（1623—1662）
1639年，帕斯卡为了让从事税务员※工作的父亲能够轻松一点，于是着手发明可以自动计算的机器。
当时，帕斯卡先生只有16岁
为了父亲……
设计，再设计……
写写
画画
3年后，他终于成功地做出了计算器！
这样，父亲就可以轻松一点了！
帕斯卡先生真为父亲着想啊！

※税务员：从事税金计算与征收业务的人。

滚轮式加法器的使用方法

①转动刻度盘输入数字，数字会出现在显示窗中。

↓

②再次转动刻度盘，输入想要相加的数字。

↓

③答案会出现在显示窗中。

刻度盘

在相应的数字处使用专用工具转动，就可以进行输入了。

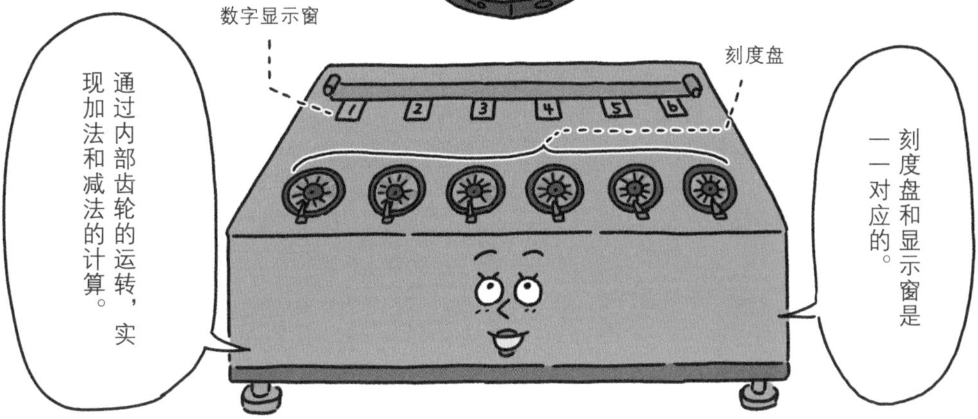
数字显示窗
刻度盘
1 2 3 4 5 6
刻度盘和显示窗是一一对应的。
通过内部齿轮的运转，实现加法和减法的计算。

帕斯卡先生做了50多台像我这样的机器准备售卖……
在那个时代可是里程碑式的发明呢！
肯定很有用！
然而，一台都没有卖出去。
当时的人们还不习惯接触机器，而且价格又很高……
帕斯卡先生……
好东西不一定就能卖出去呀……

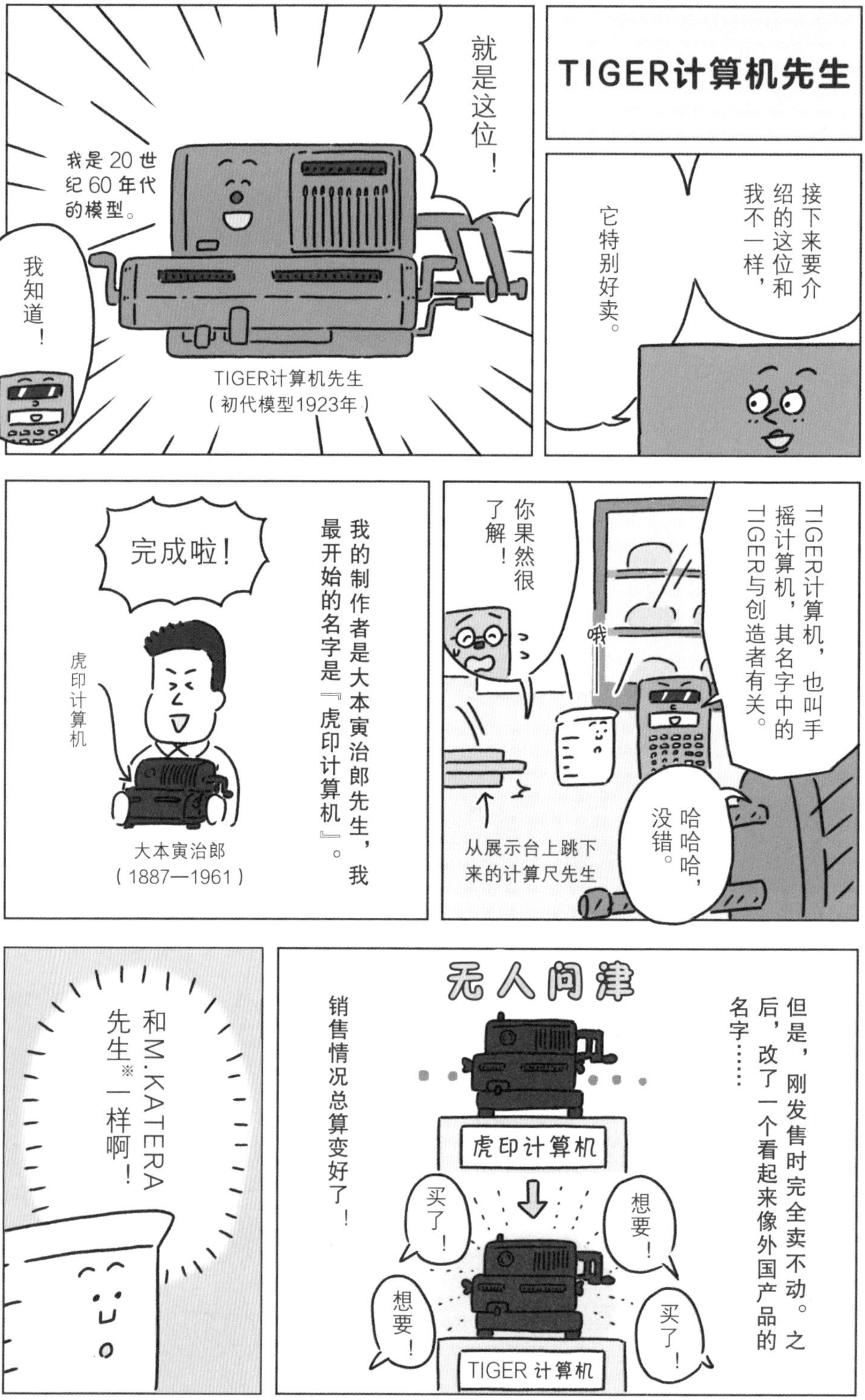
TIGER计算机先生
接下来要介绍的这位和我不一样，
它特别好卖。
就是这位！
我是20世纪60年代的模型。
我知道！
TIGER计算机先生
（初代模型1923年）
TIGER计算机，也叫手摇计算机，其名字中的TIGER与创造者有关。
你果然很了解！
哦
哈哈哈，没错。
从展示台上跳下来的计算尺先生
我的制作者是大本寅治郎先生，我最开始的名字是『虎印计算机』。
完成啦！
虎印计算机
大本寅治郎
（1887—1961）
但是，刚发售时完全卖不动。之后，改了一个看起来像外国产品的名字……
无人问津
虎印计算机
想要！
买了！
买了！
想要！
TIGER 计算机
销售情况总算变好了！
和M.KATERA先生※一样啊！

※参照第24页。

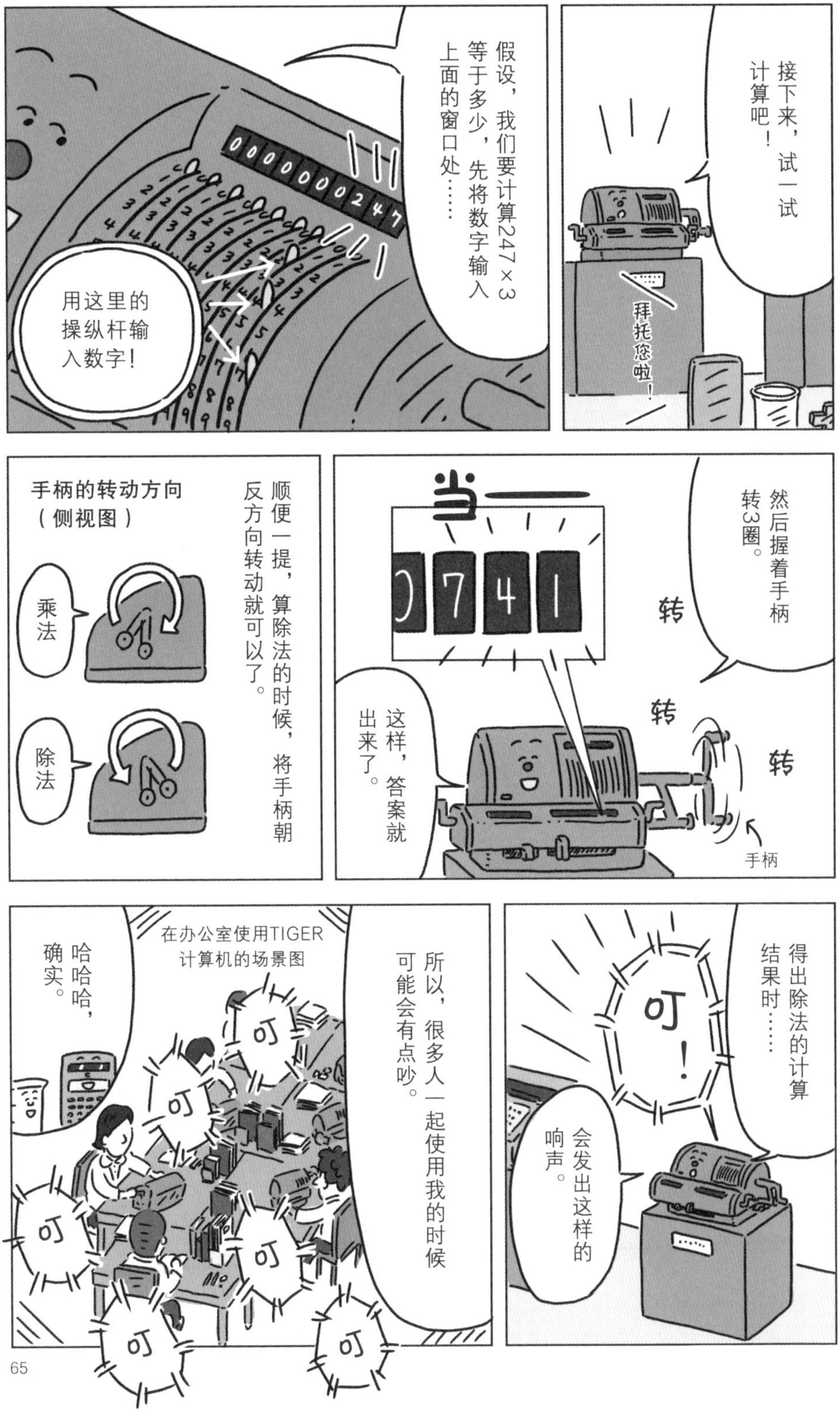
接下来，试一试计算吧！
拜托您啦！
假设，我们要计算247×3等于多少，先将数字输入上面的窗口处……
0000000247
用这里的操纵杆输入数字！
然后握着手柄转3圈。
转
转
转
手柄
这样，答案就出来了。
当
0741
顺便一提，算除法的时候，将手柄朝反方向转动就可以了。
手柄的转动方向（侧视图）
乘法
除法
得出除法的计算结果时……
叮！
会发出这样的响声。
所以，很多人一起使用我的时候可能会有点吵。
在办公室使用TIGER计算机的场景图
叮
哈哈哈，确实。

滚轮式加法器

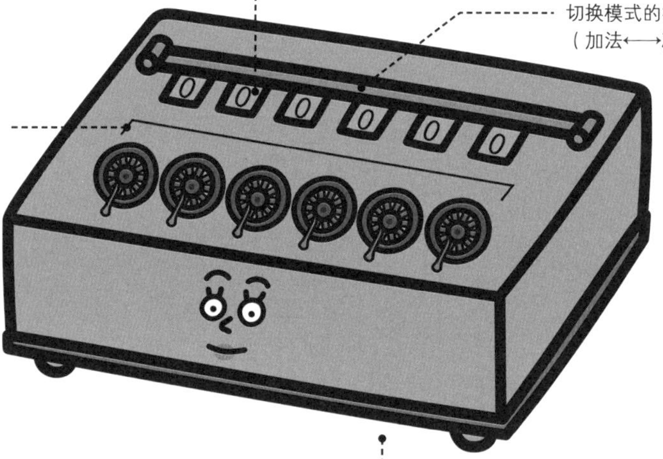
数字显示窗
切换模式的挡板
（加法←→减法）
输入数字
的刻度盘
金属制

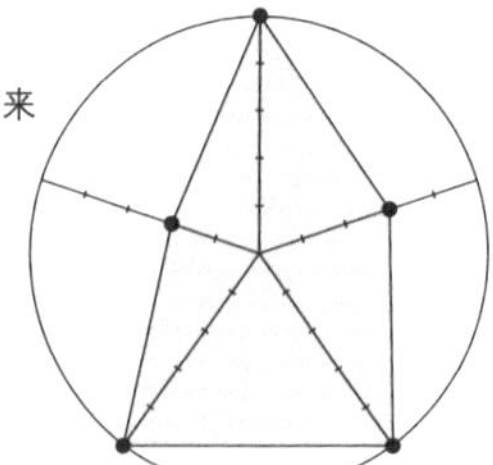
狂热度
使用的
难易度
历史价值
名字法国
化的程度
给世界带来
的影响

正式名称 滚轮式加法器
拿手技能 四则运算
制造年代 17世纪中期

小知识

滚轮式加法器分为普通计算模式和货币计算模式（本书中介绍的是普通计算模式）。

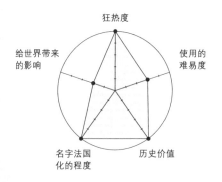

TIGER计算机

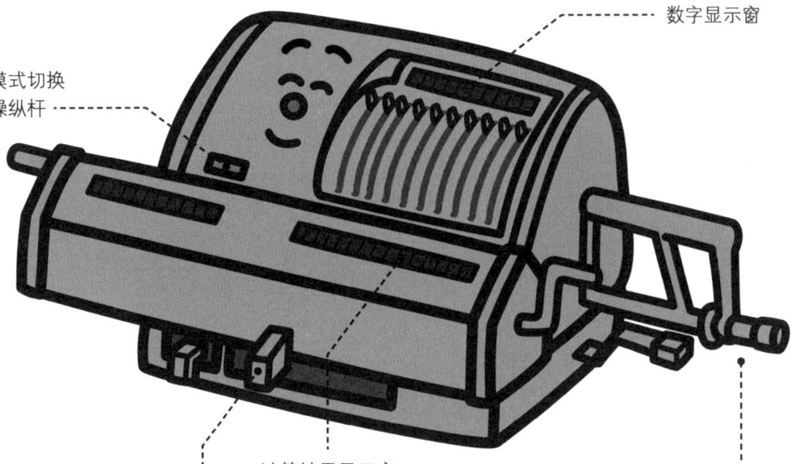
20世纪60年代的模型
数字显示窗
模式切换
操纵杆
计算结果显示窗
计算用的手柄
移位操纵杆

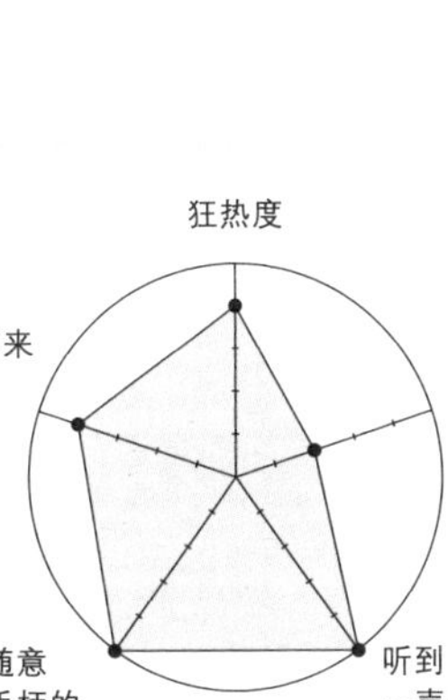
狂热度
给世界带来
的影响
使用的
难易度
想要随意
转动手柄的
冲动程度
听到“叮”的
一声时产生的
愉快感

正式名称　TIGER计算机
拿手技能　四则运算
制造年代　初代模型1923年

小知识

按照制造年代大致分为6种型号，所有型号的计算机加在一起，总销量将近50万台。

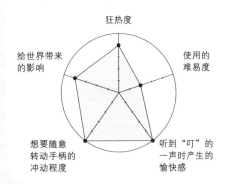

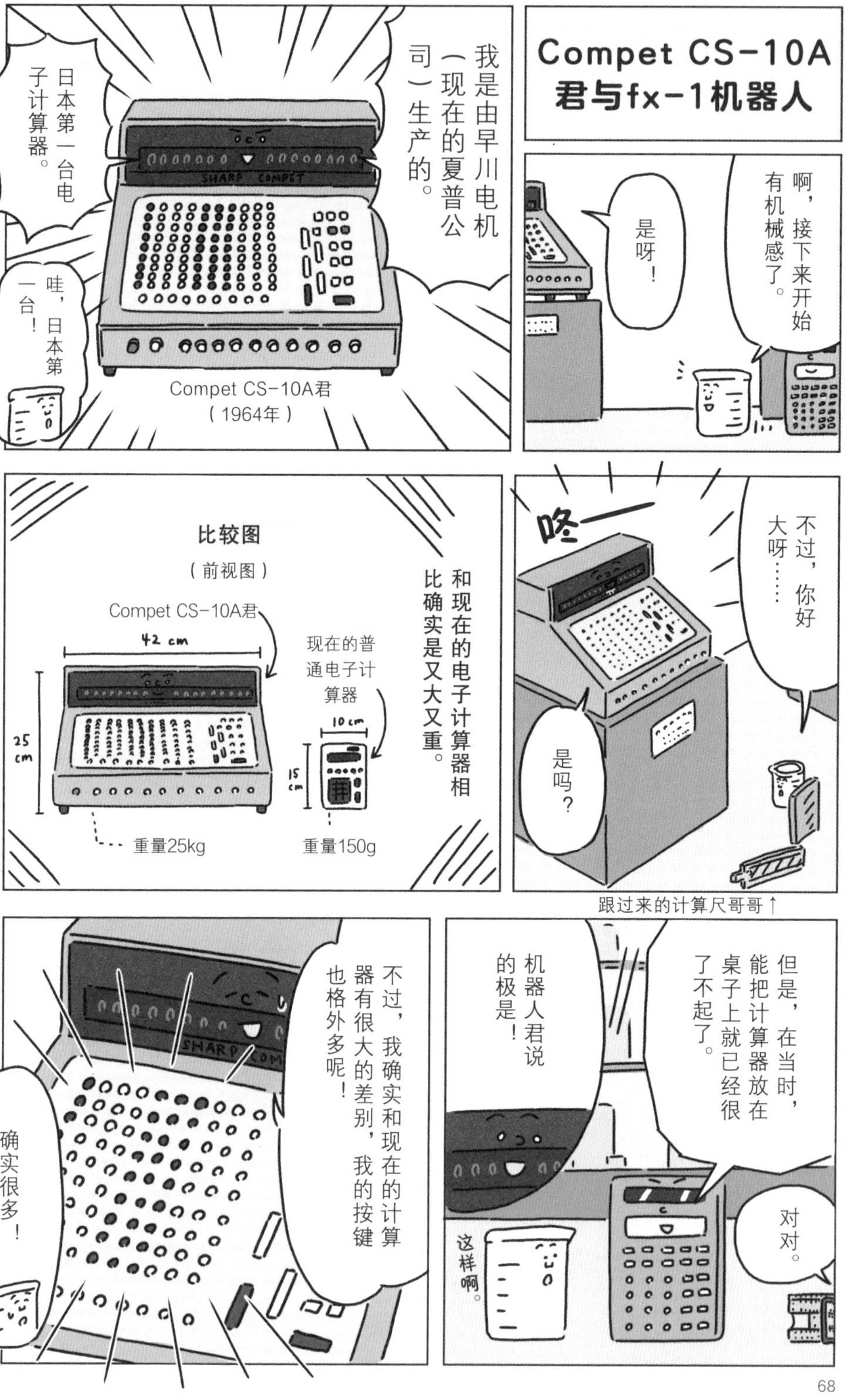
Compet CS-10A君与fx-1机器人
啊，接下来开始有机械感了。
是呀！
不过，你好大呀……
是吗？
咚——
跟过来的计算尺哥哥↑
但是，在当时，能把计算器放在桌子上就已经很了不起了。
机器人君说的极是！
对对。
这样啊。
我是由早川电机（现在的夏普公司）生产的。
日本第一台电子计算器。
哇，日本第一台！
SHARP COMPET
Compet CS-10A君
（1964年）
比较图
（前视图）
Compet CS-10A君
42 cm
25 cm
现在的普通电子计算器
10 cm
15 cm
重量25kg
重量150g
和现在的电子计算器相比确实是又大又重。
不过，我确实和现在的计算器有很大的差别，我的按键也格外多呢！
确实很多！

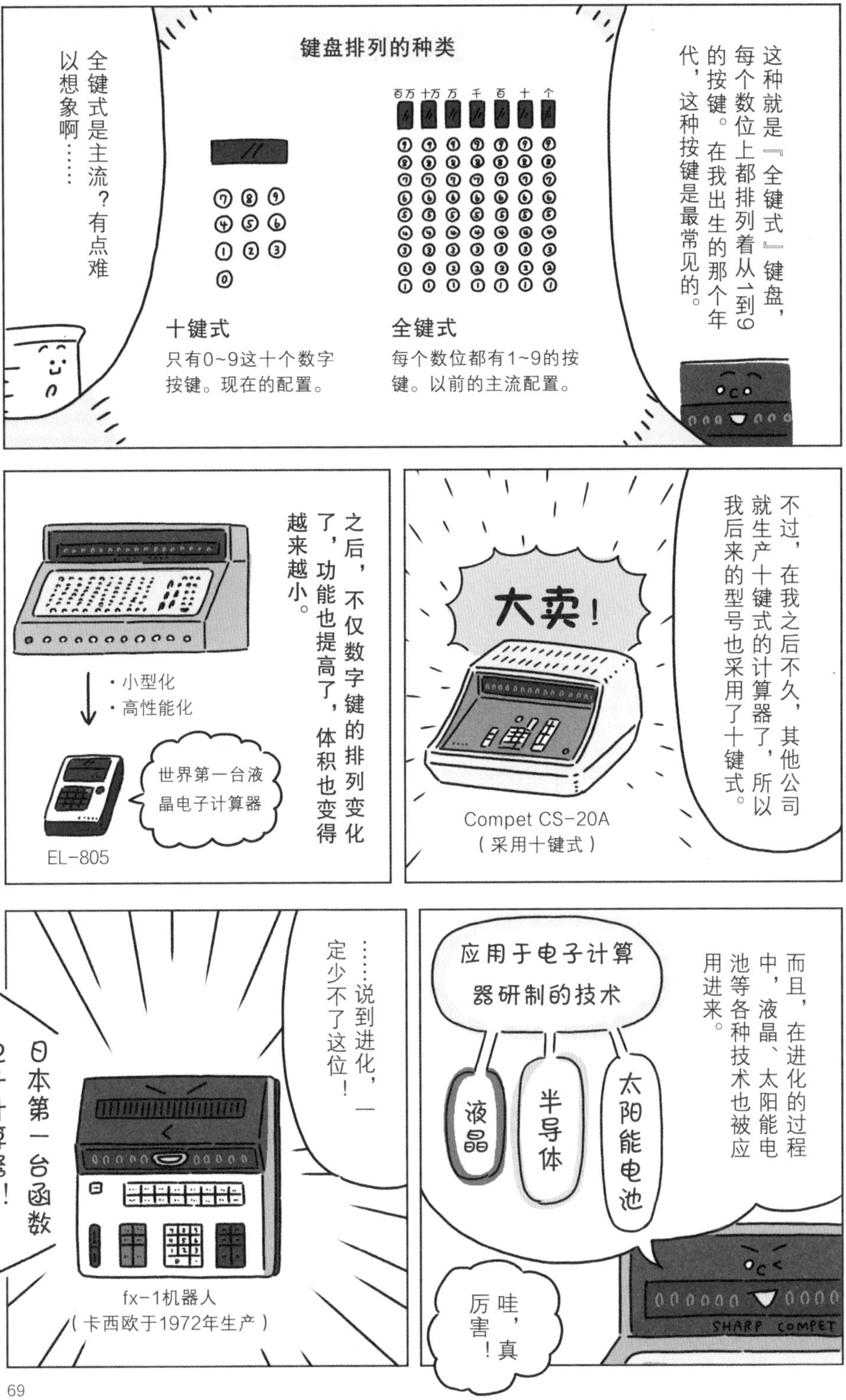
这种就是『全键式』键盘，每个数位上都排列着从1到9的按键。在我出生的那个年代，这种按键是最常见的。
键盘排列的种类
百万 十万 万 千 百 十 个
十键式
只有0~9这十个数字按键。现在的配置。
全键式
每个数位都有1~9的按键。以前的主流配置。
全键式是主流？有点难以想象啊……
不过，在我之后不久，其他公司就生产十键式的计算器了，所以我后来的型号也采用了十键式。
大卖！
Compet CS-20A
（采用十键式）
之后，不仅数字键的排列变化了，功能也提高了，体积也变得越来越小。
・小型化
・高性能化
世界第一台液晶电子计算器
EL-805
而且，在进化的过程中，液晶、太阳能电池等各种技术也被应用进来。
应用于电子计算器研制的技术
液晶
半导体
太阳能电池
SHARP COMPET
哇，真厉害！
……说到进化，一定少不了这位！
日本第一台函数电子计算器！
fx-1机器人
（卡西欧于1972年生产）

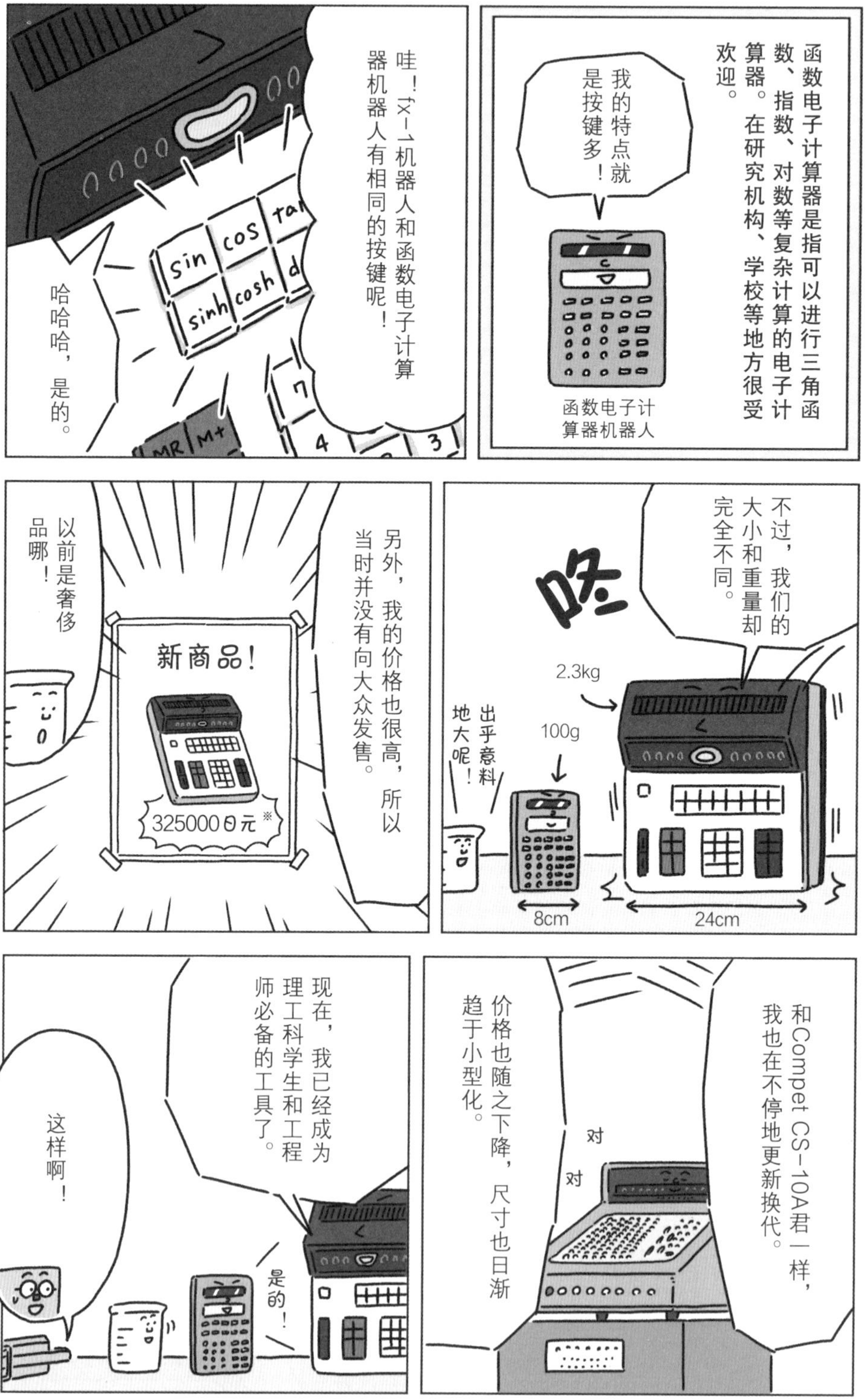
函数电子计算器是指可以进行三角函数、指数、对数等复杂计算的电子计算器。在研究机构、学校等地方很受欢迎。
我的特点就是按键多！
函数电子计算器机器人
哇！fx-1机器人和函数电子计算器机器人有相同的按键呢！
sin cos sinh cosh
哈哈哈，是的。
不过，我们的大小和重量却完全不同。
咚
2.3kg
100g
出乎意料地大呢！
8cm
24cm
另外，我的价格也很高，所以当时并没有向大众发售。
以前是奢侈品哪！
新商品！
325000日元※
和Compet CS-10A君一样，我也在不停地更新换代。
价格也随之下降，尺寸也日渐趋于小型化。
对
对
现在，我已经成为理工科学生和工程师必备的工具了。
是的！
这样啊！

※当时，大学毕业生的起薪约为50000日元。

Compet CS-10A

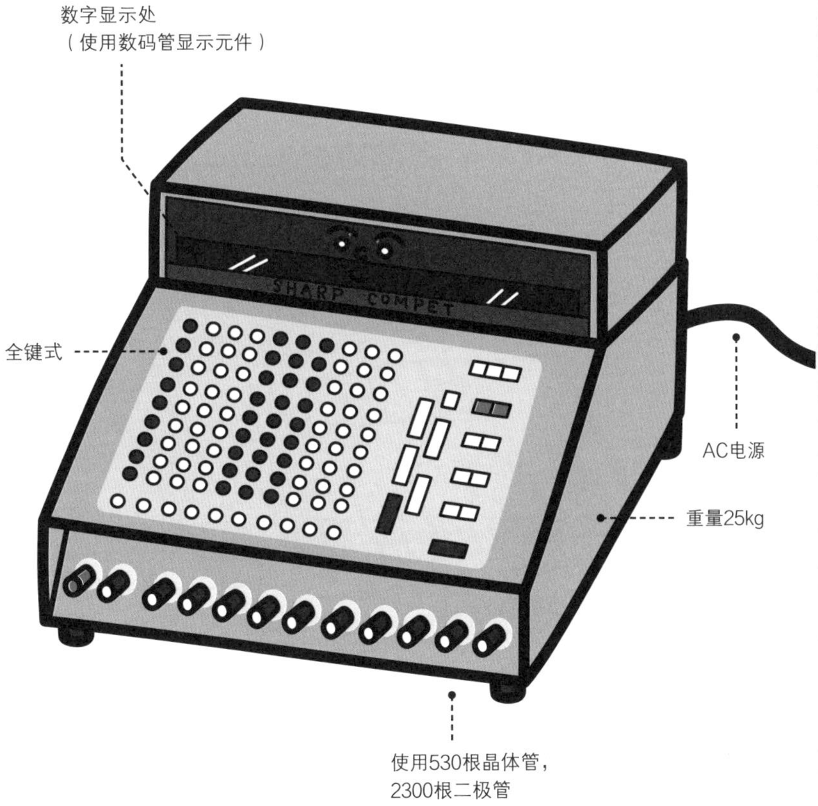
数字显示处
（使用数码管显示元件）
SHARP COMPET
全键式
AC电源
重量25kg
使用530根晶体管，
2300根二极管

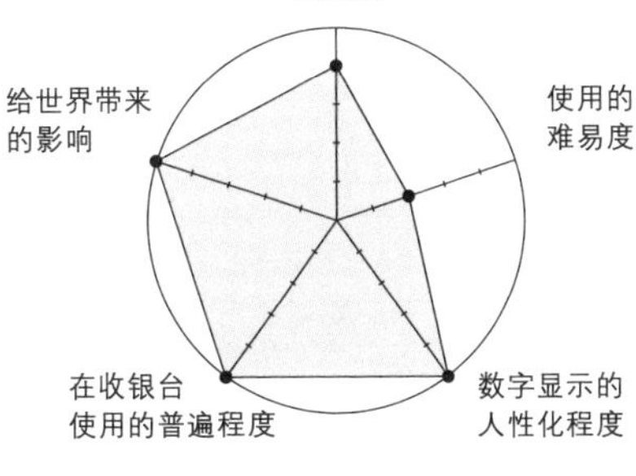
狂热度
使用的
难易度
数字显示的
人性化程度
在收银台
使用的普遍程度
给世界带来
的影响

正式名称 夏普/Compet CS-10A
拿手技能 自动计算
制造年代 1964年

小知识

2005年，荣获国际知名专业技术组织——电气与电子工程师协会（IEEE）颁发的“IEEE里程碑”奖，它也是日本第五个获得该奖的仪器。

fx-1

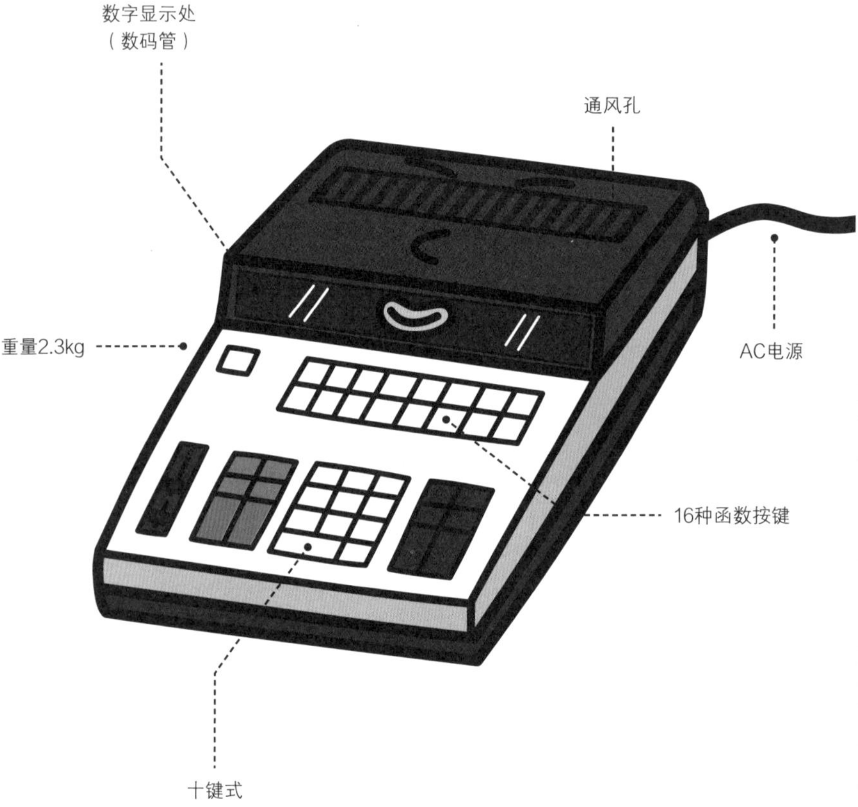
数字显示处
（数码管）
通风孔
重量2.3kg
AC电源
16种函数按键
十键式

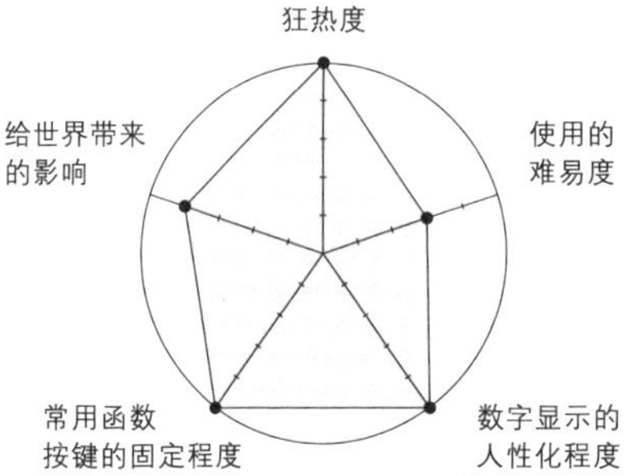
狂热度
使用的
难易度
数字显示的
人性化程度
常用函数
按键的固定程度
给世界带来
的影响

正式名称　卡西欧/fx-1
拿手技能　自动进行复杂的计算
制造年代　1972年

小知识

在fx-1发售之前，想要进行相同的计算，需要使用100万日元以上的电脑。

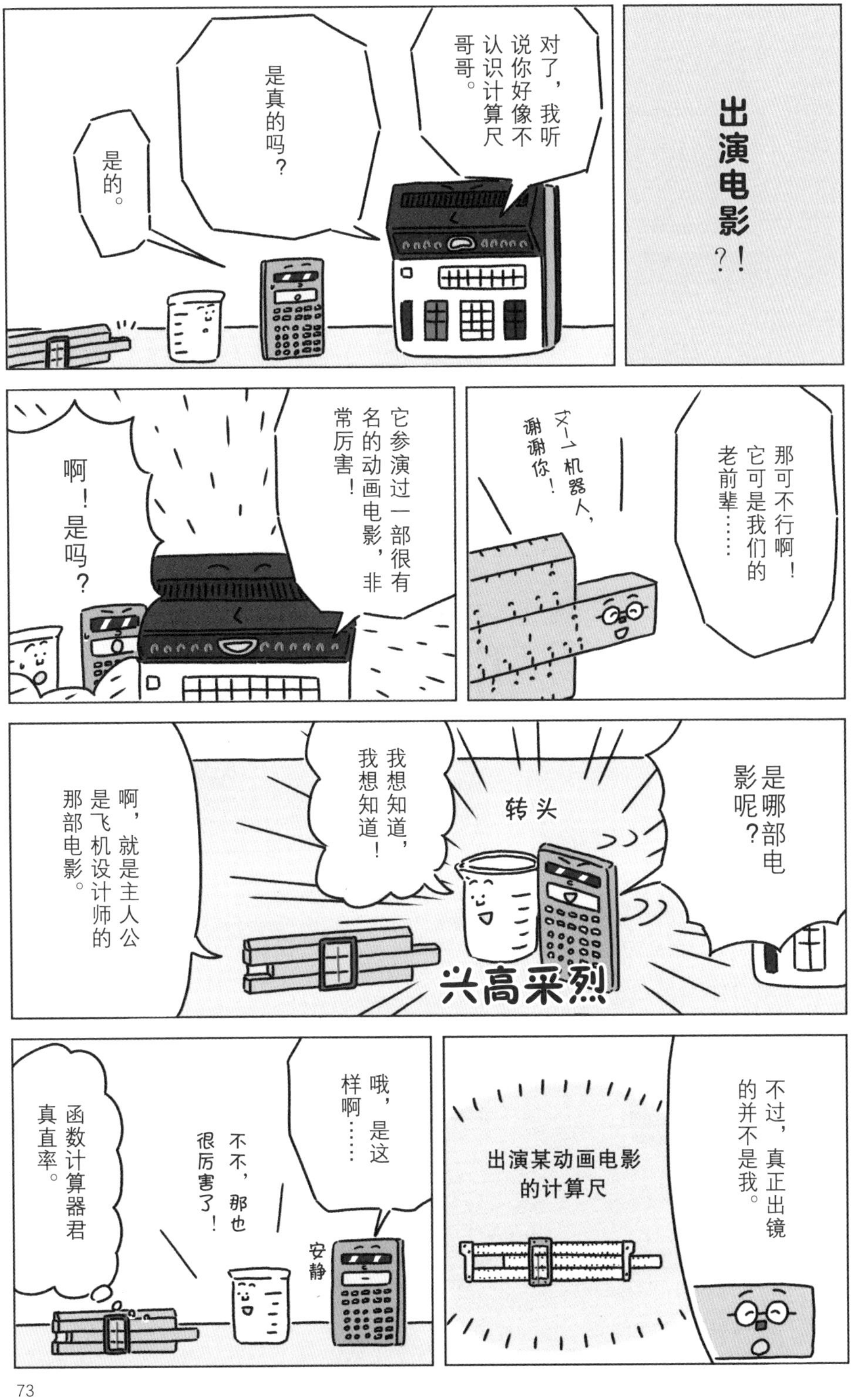
出演电影?!
对了，我听说你好像不认识计算尺哥哥。
是真的吗？
是的。
那可不行啊！它可是我们的老前辈……
文-1机器人，谢谢你！
它参演过一部很有名的动画电影，非常厉害！
啊！是吗？
是哪部电影呢？
转头
我想知道，我想知道！
兴高采烈
啊，就是主人公是飞机设计师的那部电影。
不过，真正出镜的并不是我。
出演某动画电影的计算尺
哦，是这样啊……
不不，那也很厉害了！
安静
函数计算器君真直率。

拓展

历史上出现的各种电子计算器

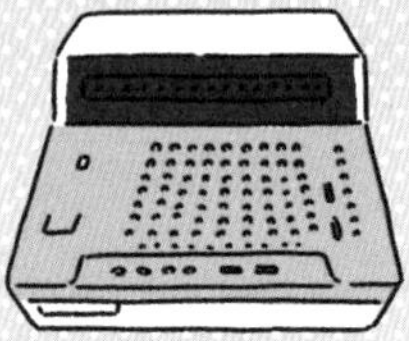

ANITA Mk8

（1962年 英国品牌）
贝尔庞奇公司出售的世界最早的电子计算器。夏普等日本制造商就是拆卸这款计算器进行研究的。

Canola 130

（1964年 佳能）
与Compet CS-10A同时期发售，最早采用十键式键盘的电子计算器。

SOBAX ICC-500

（1967年 索尼）
索尼公司首款电子计算器。外置蓄电池，可以说是世界上最早的便携式电子计算器。

CASIO MINI

（1972年 卡西欧）
售价12800日元（当时同类产品市价的1/3），十分畅销。创下了3年卖出600万台的惊人销售纪录。

EL-805

（1973年 夏普）
世界最早的液晶电子计算器。它促使后来的电子计算器都朝着液晶显示屏的方向发展。

fx-10

（1974年 卡西欧）
面向个人用户的口袋式函数电子计算器。与fx-1相比，fx-10的重量为前者的1/7、价格为1/13。

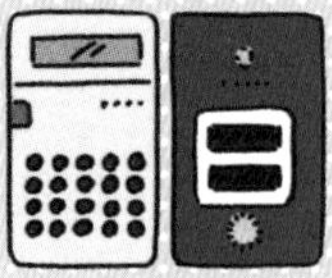

EL-8026

（1976年 夏普）
世界最早的太阳能电池式电子计算器。受光面在机身的背面。

LC-78

(1978年 卡西欧)
世界最早的名片尺寸电子计算器。厚度为3.9mm，月产40万台，是非常受欢迎的型号。

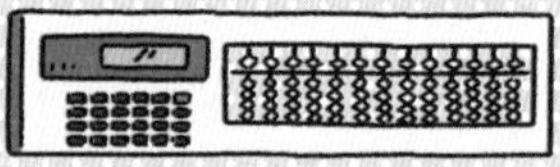

Solo-cal EL-428

（1981年 夏普）
便于计算加减法的算盘和便于计算乘除法的电子计算器结合的产物。

计算器具与计算机年表

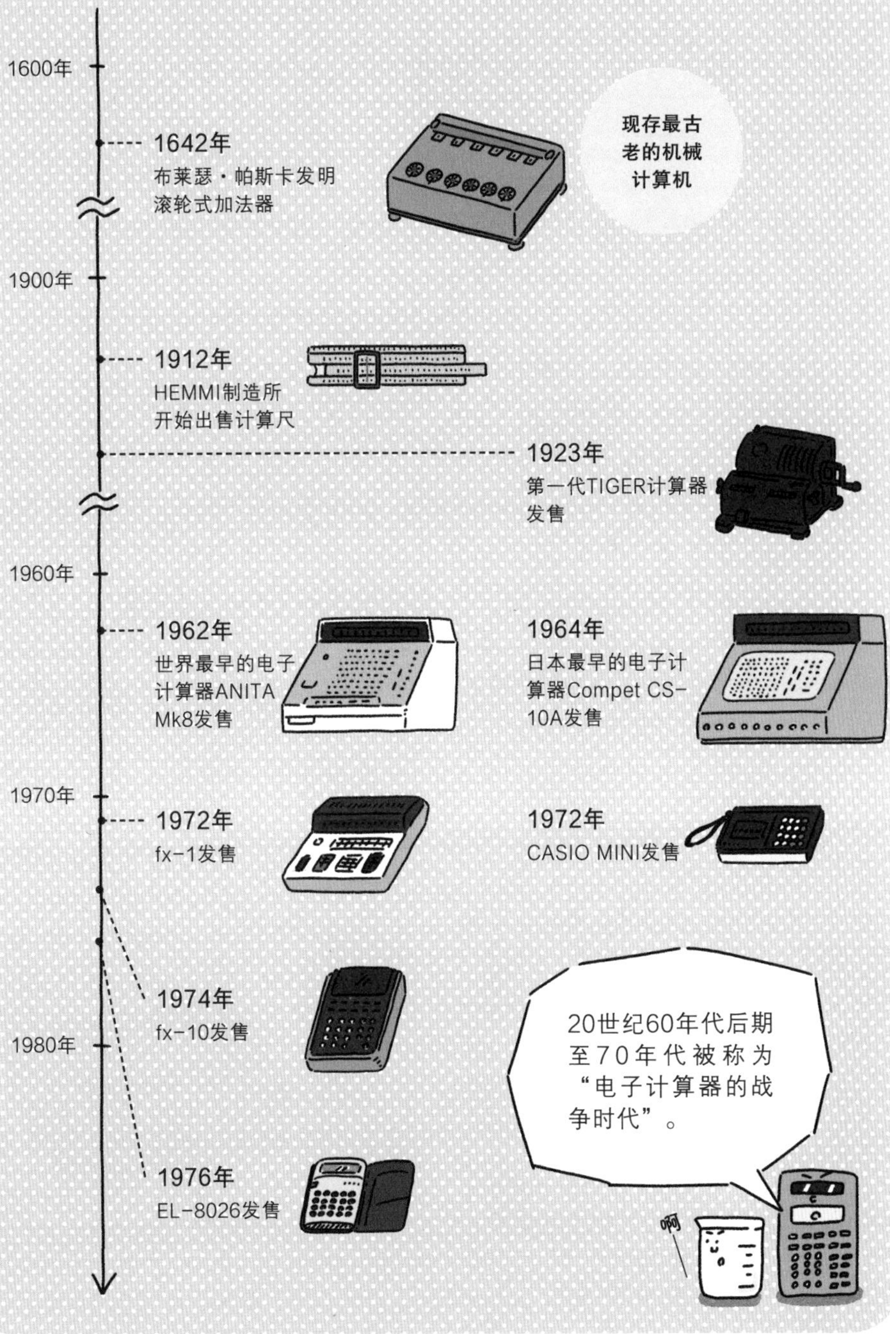
1600年
1642年
布莱瑟・帕斯卡发明
滚轮式加法器
现存最古
老的机械
计算机
1900年
1912年
HEMMI制造所
开始出售计算尺
1923年
第一代TIGER计算器
发售
1960年
1962年
世界最早的电子
计算器ANITA
Mk8发售
1964年
日本最早的电子计
算器Compet CS-
10A发售
1970年
1972年
fx-1发售
1972年
CASIO MINI发售
1974年
fx-10发售
1980年
1976年
EL-8026发售
20世纪60年代后期至70年代被称为“电子计算器的战争时代”。
啊

我与前辈们的回忆

3

1642年，布莱瑟·帕斯卡发明了滚轮式加法器。但在机械计算机的历史上，早在约1623年，德国的威廉·施卡德就已经制造出了用于天文计算的计算机。17世纪70年代，在滚轮式加法器之后，以研究微积分闻名于世的德国人戈特弗里德·莱布尼茨制造出了水平更高的计算机。17世纪是机械计算机接连诞生的时代。

计算尺出现的时间与机械计算机相差无几。本章中提到的对数是在16世纪末被发现的，基于这项发现，英国天文学家埃德蒙·甘特于1620年发明了对数尺，通过两脚规（类似圆规）读取对数、三角函数的刻度值。1632年，英国的威廉·奥特雷德制造出了用滑尺调节刻度的计算尺。

可以说，17世纪是科学史上一个特殊的世纪。在伽利略、开普勒等人的带领下，科学（当时被称为自然哲学）迎来了重大的转折期，紧随其后的牛顿等人为转型后的近代科学发展奠定了基础。许多“用于计算的前辈们”在这段科学的动荡时期中诞生，开辟了以计算机为首的现代计算科学。

其实，出于兴趣，我曾经用过计算尺。我用的是便宜的塑料制品，而学长们用的是竹制计算尺，尺上刻着“HEMMI”，十分帅气。我当时以为HEMMI是外国公司制造的意思，没想到它是如假包换的日本产品，而且是在一段时期内占了全球市场份额八成的“HEMMI计算尺社”制造的产品。1928年，逸见治郎创立了HEMMI公司，他在测量器公司工作时就致力于将德国制造的计算尺国产化，进而开发出适用于日本高湿度环境和气温变化的竹制计算尺，并得到了世界的认可。虽然现在计算尺已经被电子计算器取代了，但是热衷于它的人仍不在少数。在吉卜力出品的电影《起风了》中，主人公使用计算尺的一幕让我不禁流下了眼泪。

CHAPTER 4

有关电磁的前辈们

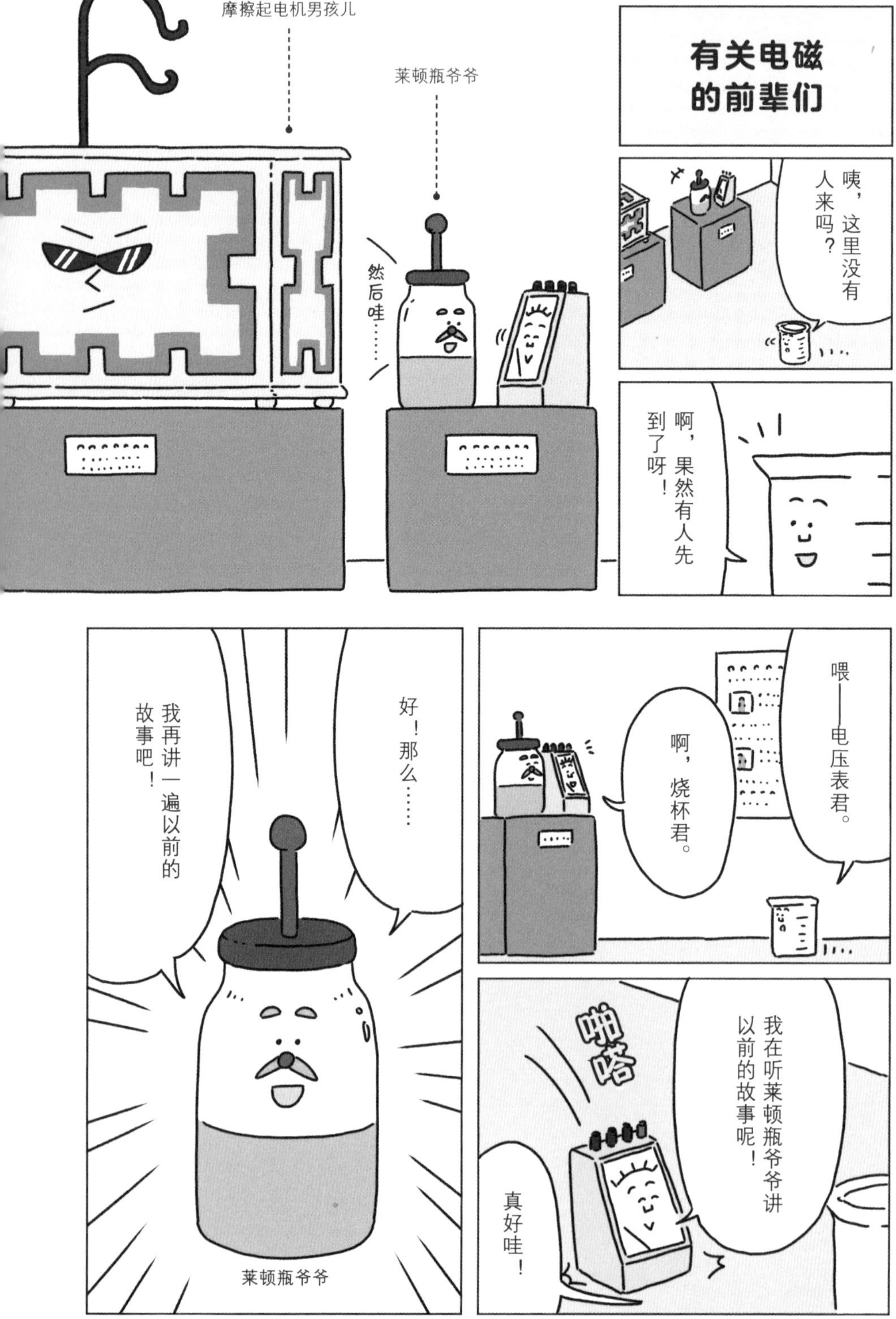
有关电磁的前辈们
咦，这里没有人来吗？
啊，果然有人先到了呀！
摩擦起电机男孩儿
莱顿瓶爷爷
然后哇……
喂——电压表君。
啊，烧杯君。
我在听莱顿瓶爷爷讲以前的故事呢！
啪嗒
真好哇！
好！那么……
我再讲一遍以前的故事吧！
莱顿瓶爷爷

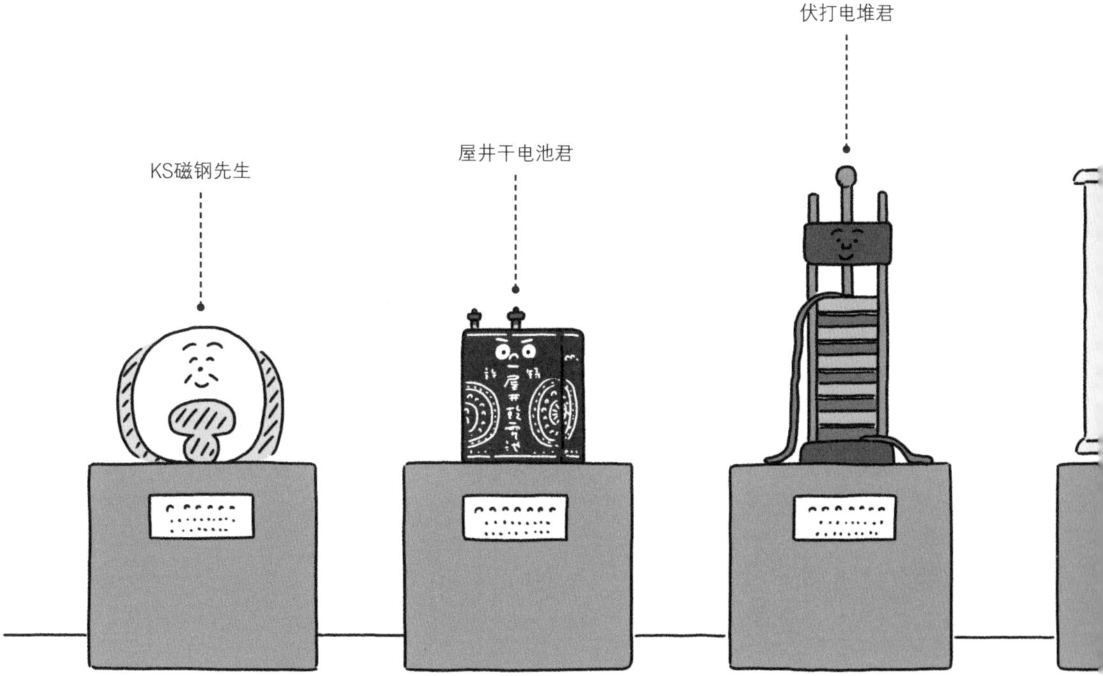
KS磁钢先生
屋井干电池君
伏打电堆君

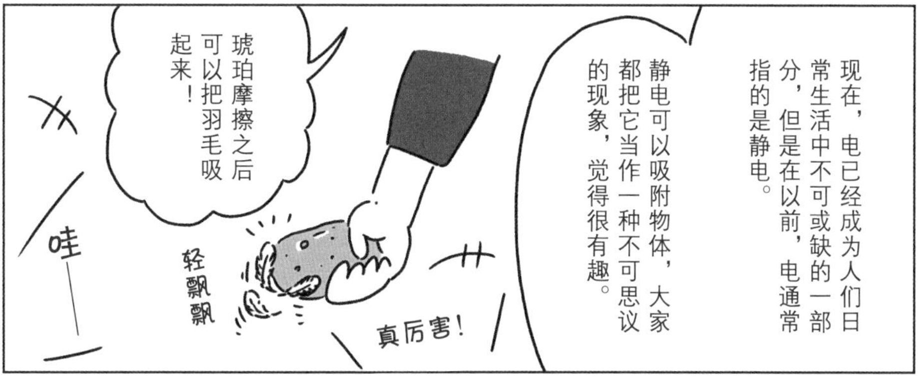
现在，电已经成为人们日常生活中不可或缺的一部分，但是在以前，电通常指的是静电。
静电可以吸附物体，大家都把它当作一种不可思议的现象，觉得很有趣。
琥珀摩擦之后可以把羽毛吸起来！
真厉害！
轻飘飘
哇

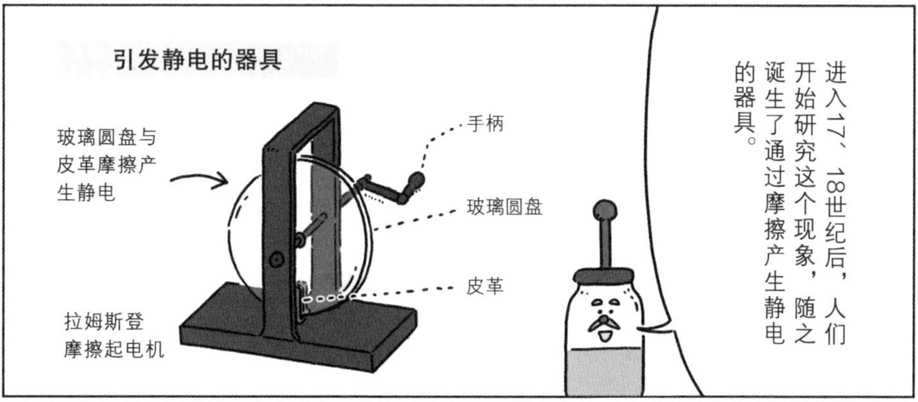
进入17、18世纪后，人们开始研究这个现象，随之诞生了通过摩擦产生静电的器具。
引发静电的器具
玻璃圆盘与皮革摩擦产生静电
手柄
玻璃圆盘
皮革
拉姆斯登摩擦起电机

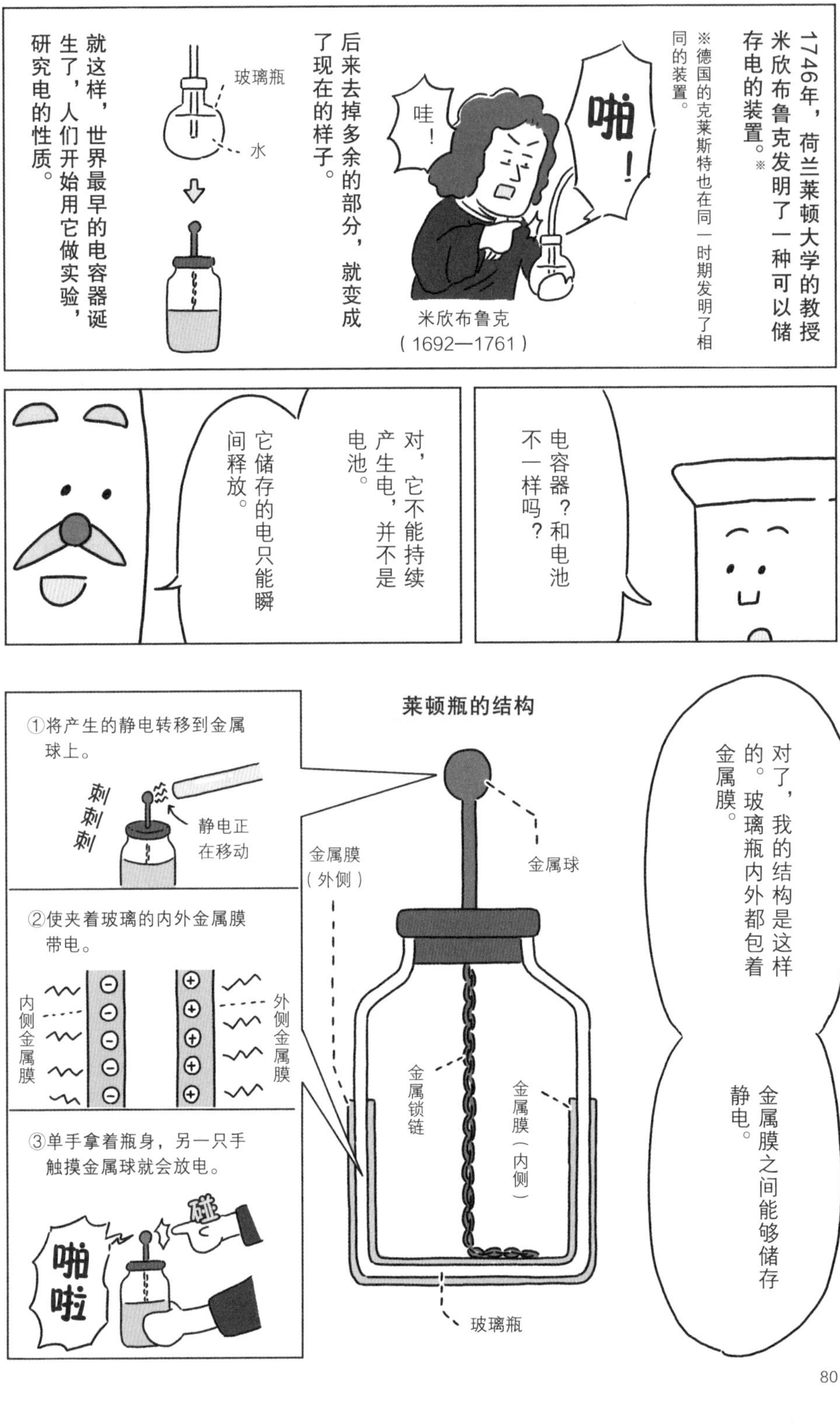
1746年，荷兰莱顿大学的教授米欣布鲁克发明了一种可以储存电的装置。※
※德国的克莱斯特也在同一时期发明了相同的装置。
啪！
哇！
米欣布鲁克
（1692—1761）
后来去掉多余的部分，就变成了现在的样子。
玻璃瓶
水
就这样，世界最早的电容器诞生了，人们开始用它做实验，研究电的性质。
电容器？和电池不一样吗？
对，它不能持续产生电，并不是电池。
它储存的电只能瞬间释放。
莱顿瓶的结构
①将产生的静电转移到金属球上。
刺刺刺
静电正在移动
②使夹着玻璃的内外金属膜带电。
内侧金属膜
外侧金属膜
③单手拿着瓶身，另一只手触摸金属球就会放电。
碰
啪啦
金属膜（外侧）
金属球
金属锁链
金属膜（内侧）
玻璃瓶
对了，我的结构是这样的。玻璃瓶内外都包着金属膜。
金属膜之间能够储存静电。

之后，有一位名人用我做了实验……
那个人是富兰克林！
刚才正好讲到这里。
正是。

18世纪中期，人们普遍认为雷电和电是不同的东西，富兰克林就想到用雷电做实验……
我觉得雷电应该就是电。
咔嚓
轰隆隆
本杰明·富兰克林
（1706—1790）

富兰克林的风筝实验（1752年）

于是，他做了这个实验。

轰隆隆
顶端安装针的风筝
金属钥匙
莱顿瓶
咔嚓
成功啦！
趁现在！

①如图所示，将风筝放飞到电闪雷鸣的空中。

②将传到金属钥匙上的雷电引入莱顿瓶中储存起来。

之后，富兰克林发现，天上的雷电和静电有着相同的作用和现象。

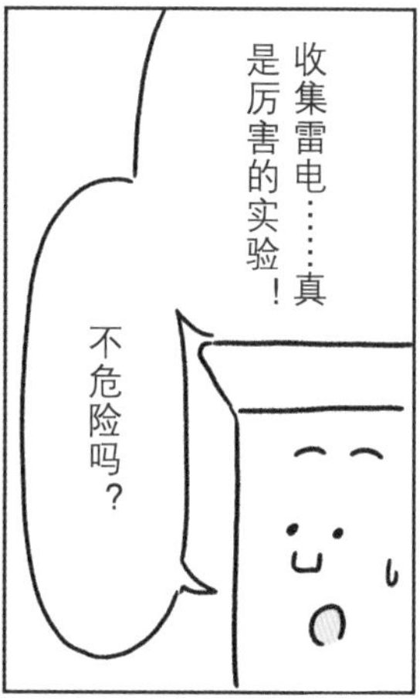
收集雷电……真是厉害的实验！
不危险吗？

当然非常危险了。有的人在做相同的实验时，发生意外离世了。
富兰克林太拼命了……
孩子绝对不要模仿！

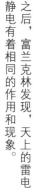

莱顿瓶

金属球
玻璃瓶
锁链
内侧也有
金属膜
金属膜

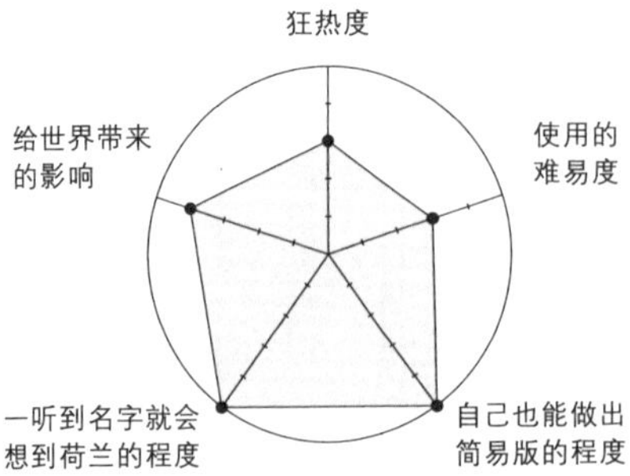
狂热度
使用的
难易度
自己也能做出
简易版的程度
一听到名字就会
想到荷兰的程度
给世界带来
的影响

正式名称　莱顿瓶
拿手技能　储存静电
制造年代　1745年

小知识

有一种叫“马伦起电机”的巨大装置，它由数米长的摩擦起电机和25个莱顿瓶制造而成。

简易版莱顿瓶（莱顿杯）的制作方法与放电实验

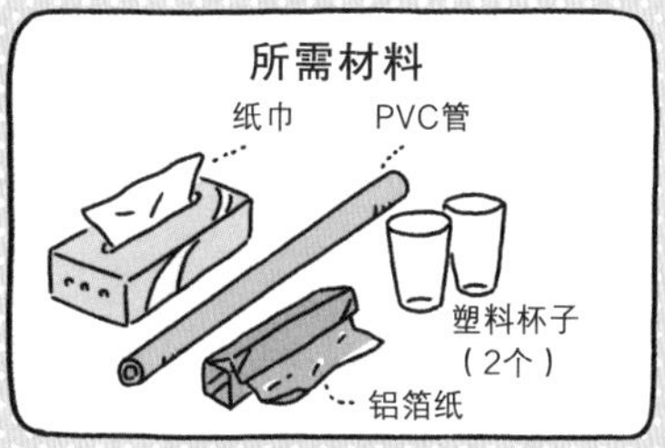
所需材料
纸巾
PVC管
塑料杯子
（2个）
铝箔纸

①用铝箔纸将2个塑料杯子分别包起来。

用双面胶固定

②取适当长度的铝箔纸折叠。

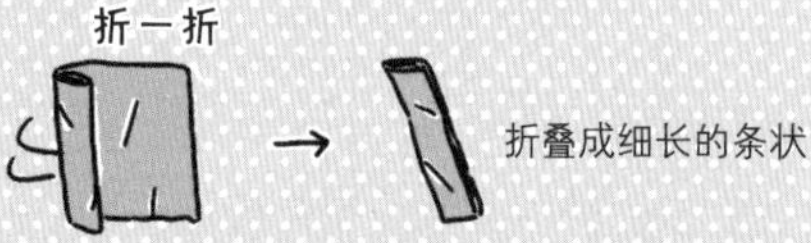
折一折
折叠成细长的条状

③将步骤①的2个杯子摞在一起，把步骤②折好的铝条夹在中间。

莱顿杯完成

④用纸巾摩擦PVC管，使其产生静电。

摩擦5~10次。
紧紧握住！

⑤让PVC管靠近莱顿杯竖起的铝箔条，使静电转移。转移静电时，要让整根管子从铝箔条上方经过。

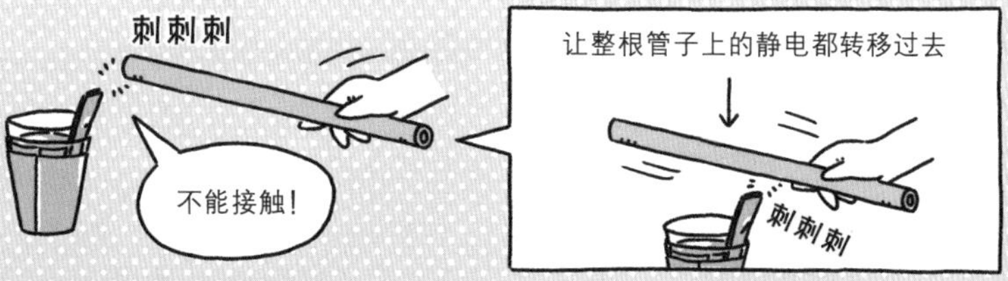
刺刺刺
不能接触！
让整根管子上的静电都转移过去
刺刺刺

⑥重复几次步骤④和步骤⑤之后，一只手拿着杯子，另一只手触摸铝条，就会放电！

啪

【注意】
心脏虚弱、使用心脏起搏器和患有心脏病的人绝对不能尝试！

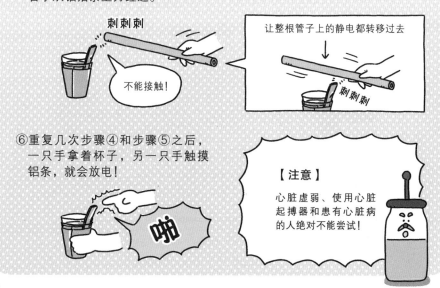

摩擦起电机男孩儿
用雷电做实验真是太厉害了……
是啊！
哈哈哈
现在，大家都知道雷电就是电……
啊！
难道莱顿这个名字指的是雷电※？
错啦，不是这样！
莱顿是我的发明者米欣布鲁克先生就职的大学的名字。
就是指我诞生于莱顿大学。
这样啊！
对了，我出生后过了130年，也就是18世纪后半叶……
日本也诞生了和我相似的装置。你们知道吗？
就是这位！
我是由江户时代的天才发明家平贺源内复原的。
我在长崎得到了这个坏掉的静电产生装置。
平贺源内（1728—1779）
摩擦起电机男孩儿（1776年制）

※日语中莱顿与雷电发音相同。

摩擦起电机的构造

①转动手柄，玻璃筒随之转动。
↓
②玻璃筒与金属薄片摩擦起电。
↓
③电通过导线传入莱顿瓶中储存。
↓
④触摸箱子外面竖起的铜线就会有电流。

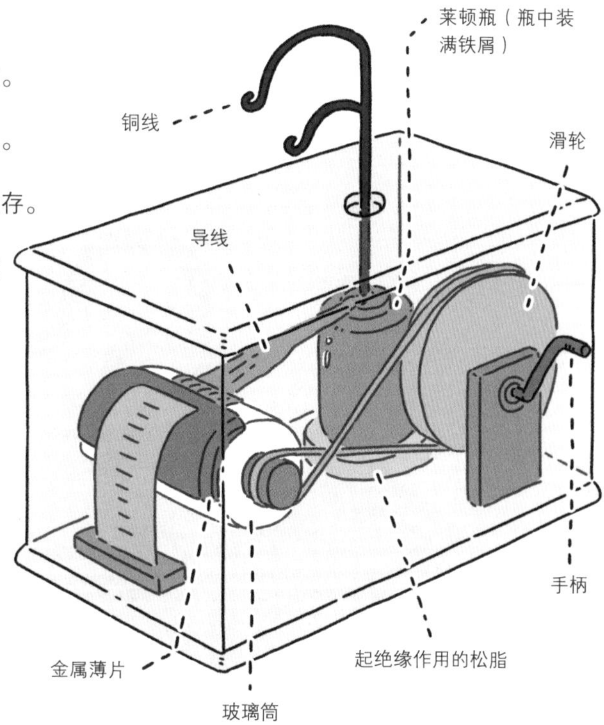
莱顿瓶（瓶中装满铁屑）
铜线
滑轮
导线
手柄
起绝缘作用的松脂
金属薄片
玻璃筒

原来内部结构是这样的呀！

像这样，
转
转
转
转
旋转手柄……
就能发电了，嘿嘿嘿。
噼里啪啦
噼里啪啦
哇——
源内先生都做了什么实验呢？
其实算不上实验，他做的主要是表演。
表演？
在当时的日本，能用眼睛看到电是一件非常稀奇的事。源内先生向许多人展示了电。
怎么样，厉害吧？
啊！
噼里啪啦
哇！
这是什么呀？
无论古今，人们总会对稀奇古怪的事感兴趣呢！

摩擦起电机

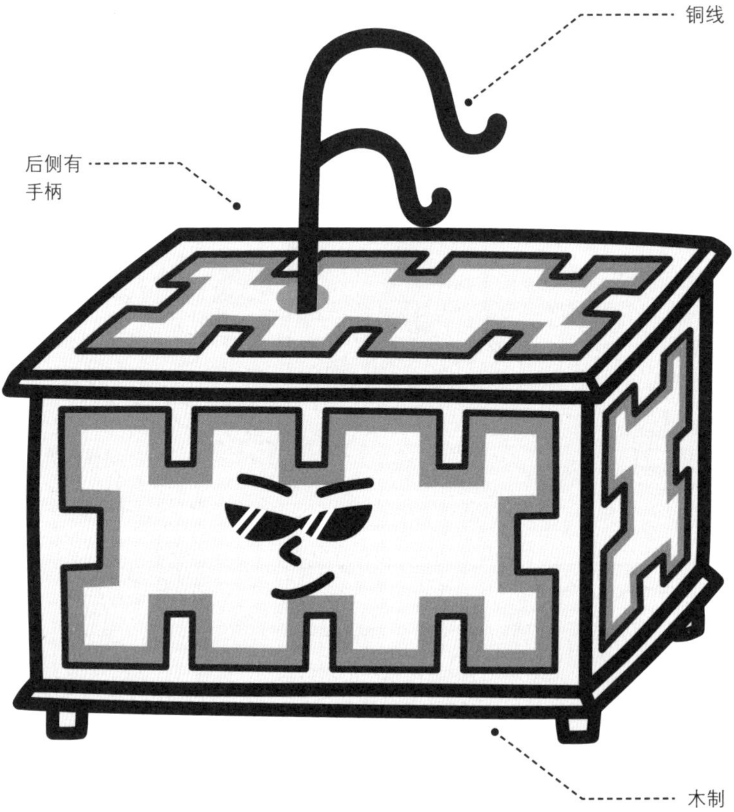
铜线
后侧有
手柄
木制

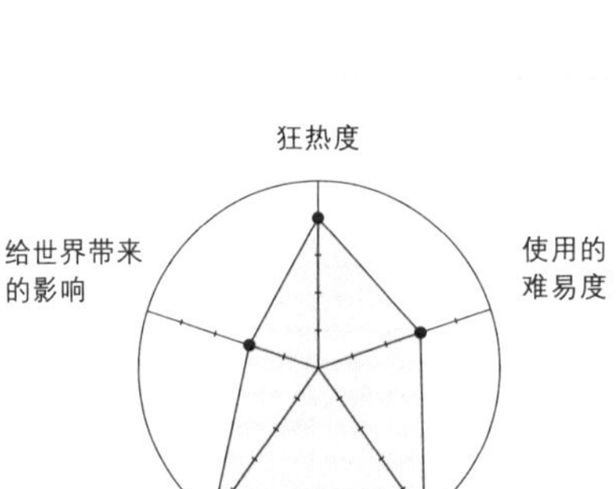
狂热度
使用的
难易度
历史价值
名字的
帅气程度
给世界带来
的影响

正式名称 摩擦起电机
拿手技能 通过摩擦引起静电
制造年代 1776年

小知识

除了摩擦起电机，平贺源内还制造了其他的东西，比如量程器（计步器）、磁针器（指南针）等。

噼里啪啦
噼里啪啦
转
转
转
好多火花。
怎么样，厉害吧？
烧杯君要不要摸一下试试？
噼里啪啦
不用了，有点吓人。
来嘛，试一下嘛！
咚
哇
到上面来。
好吧，那……
跳
开始了——
转
转
转
好了，摸一下试试。
噼里啪啦
嗯……
轻触。
啊——
嘿，我都忘记了，我是玻璃制的，不导电！
嘿嘿
晕倒

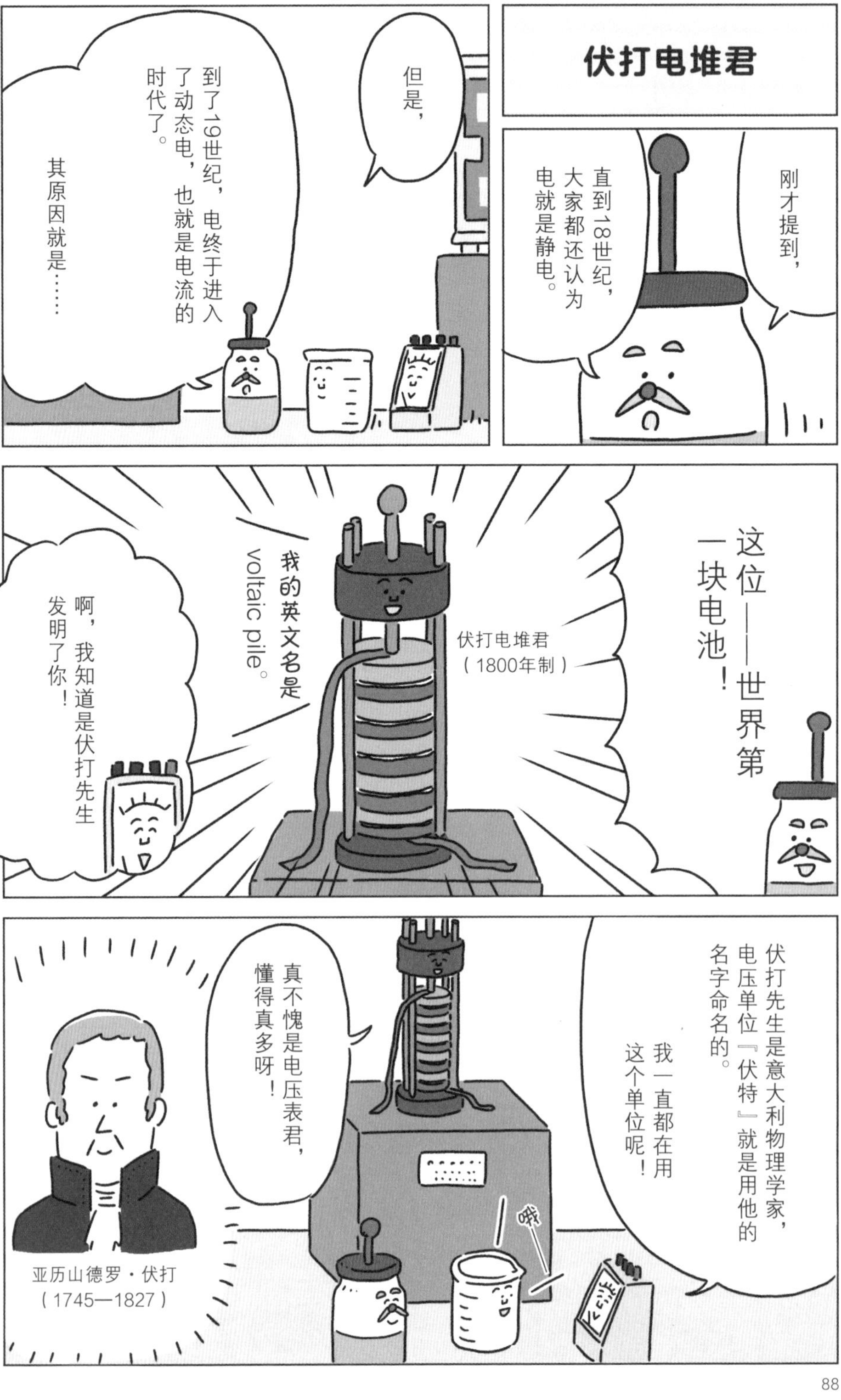
伏打电堆君
刚才提到，
直到18世纪，大家都还认为电就是静电。
但是，
到了19世纪，电终于进入了动态电，也就是电流的时代了。
其原因就是……
这位——世界第一块电池！
伏打电堆君
（1800年制）
我的英文名是voltaic pile。
啊，我知道是伏打先生发明了你！
伏打先生是意大利物理学家，电压单位『伏特』就是用他的名字命名的。
我一直都在用这个单位呢！
真不愧是电压表君，懂得真多呀！
哦
亚历山德罗・伏打
（1745—1827）

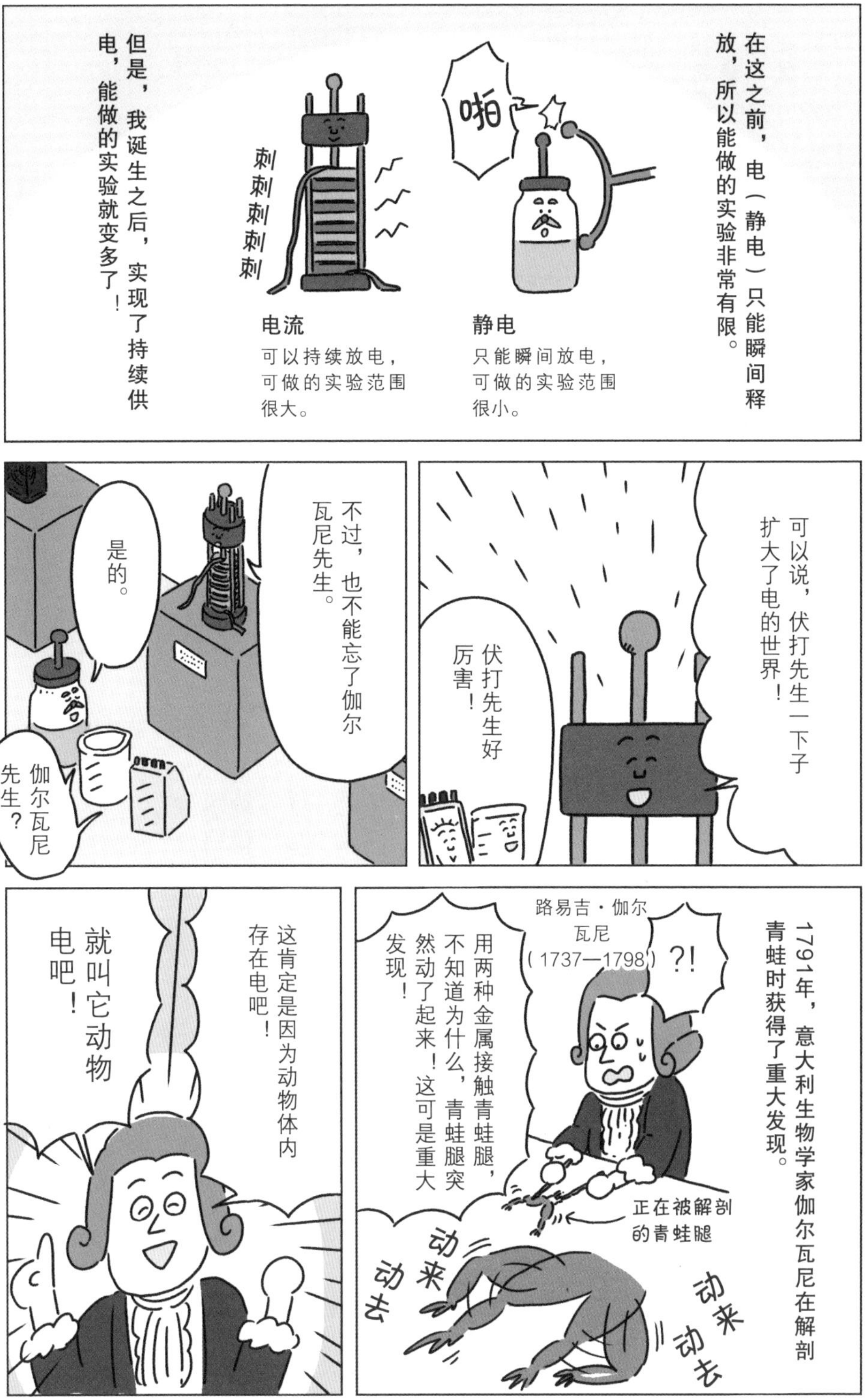
在这之前，电（静电）只能瞬间释放，所以能做的实验非常有限。
啪
静电
只能瞬间放电，可做的实验范围很小。
刺刺刺刺刺
电流
可以持续放电，可做的实验范围很大。
但是，我诞生之后，实现了持续供电，能做的实验就变多了！
可以说，伏打先生一下子扩大了电的世界！
伏打先生好厉害！
不过，也不能忘了伽尔瓦尼先生。
是的。
伽尔瓦尼先生？
1791年，意大利生物学家伽尔瓦尼在解剖青蛙时获得了重大发现。
路易吉・伽尔瓦尼（1737—1798）
?!
用两种金属接触青蛙腿，不知道为什么，青蛙腿突然动了起来！这可是重大发现！
正在被解剖的青蛙腿
动来动去
动来动去
这肯定是因为动物体内存在电吧！
就叫它动物电吧！

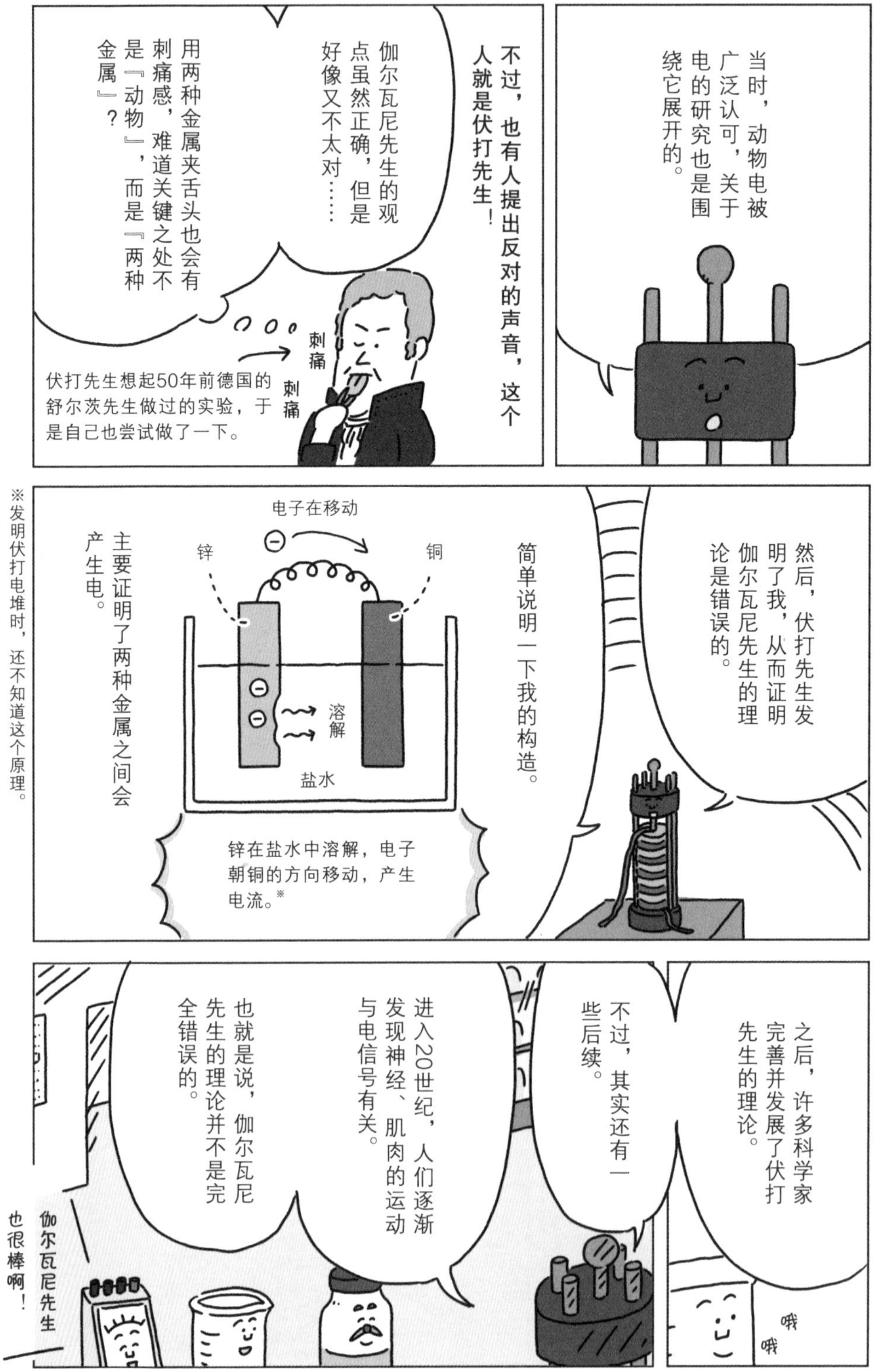
当时，动物电被广泛认可，关于电的研究也是围绕它展开的。
不过，也有人提出反对的声音，这个人就是伏打先生！
伽尔瓦尼先生的观点虽然正确，但是好像又不太对……
用两种金属夹舌头也会有刺痛感，难道关键之处不是『动物』，而是『两种金属』？
刺痛
刺痛
伏打先生想起50年前德国的舒尔茨先生做过的实验，于是自己也尝试做了一下。
然后，伏打先生发明了我，从而证明伽尔瓦尼先生的理论是错误的。
简单说明一下我的构造。
电子在移动
锌
铜
溶解
盐水
主要证明了两种金属之间会产生电。
锌在盐水中溶解，电子朝铜的方向移动，产生电流。※
※发明伏打电堆时，还不知道这个原理。
之后，许多科学家完善并发展了伏打先生的理论。
哦
哦
不过，其实还有一些后续。
进入20世纪，人们逐渐发现神经、肌肉的运动与电信号有关。
也就是说，伽尔瓦尼先生的理论并不是完全错误的。
伽尔瓦尼先生也很棒啊！

伏打电堆

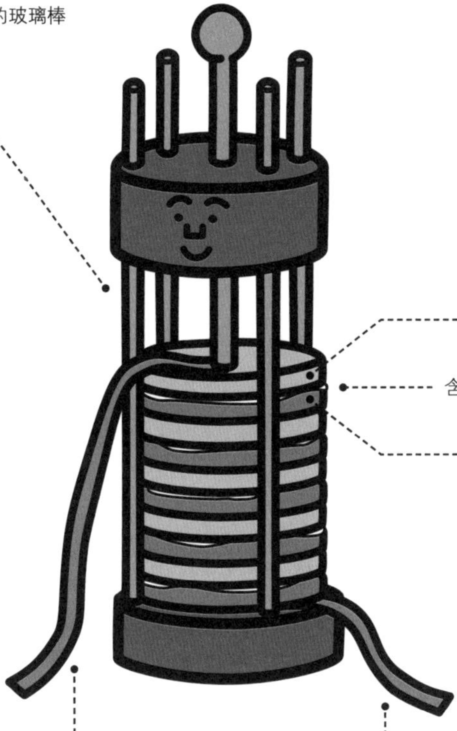
用于支撑的玻璃棒
锌板
含有盐水的布
铜板
铜箔（导线）

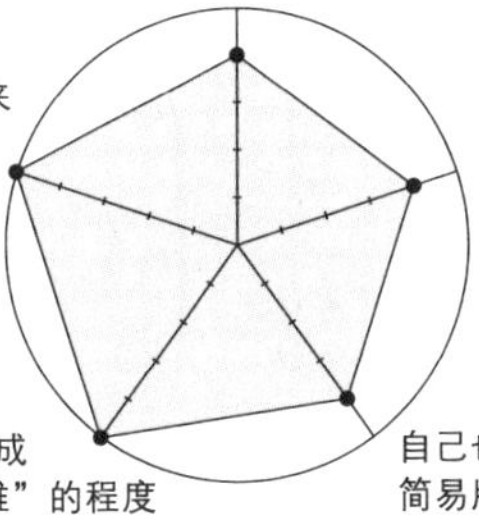
狂热度
使用的难易度
自己也能做出简易版的程度
错读成“电推”的程度
给世界带来的影响

正式名称 伏打电堆
拿手技能 发电
制造年代 1800年

小知识

锌板和铜板的数量越多，电压就越高。如果数量过多，会将盐水压出，导致无法使用。

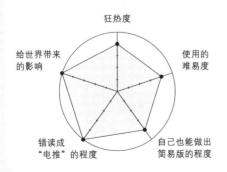

屋井干电池君

电池的历史真久远呢！
喂——日本也有意义重大的电池呀！
嗯
嗯

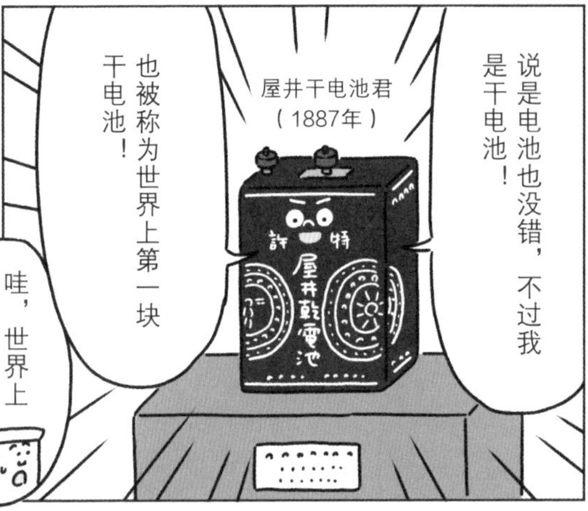
屋井干电池君
（1887年）
说是电池也没错，不过我是干电池！
也被称为世界上第一块干电池！
哇，世界上第一块！

莱顿瓶爷爷已经回原来的位置了。

对了，烧杯君，你知道我为什么被叫作『干电池』吗？
让我想想……
因为是晒干的？
日晒！
喂，我可不是什么干货呀！
在干电池发明之前，电池里面装的都是液体。
19世纪后期，明治时代常用的电池
里面装有液体（氯化铵溶液）
屋井干电池
不是液体，而是固体
与之相对，里面没有液体的『干的』电池就被称为『干电池』。
咦，那为什么不叫固体电池或固电池呢？
啊？
还要考虑称呼顺不顺口之类的问题呀……

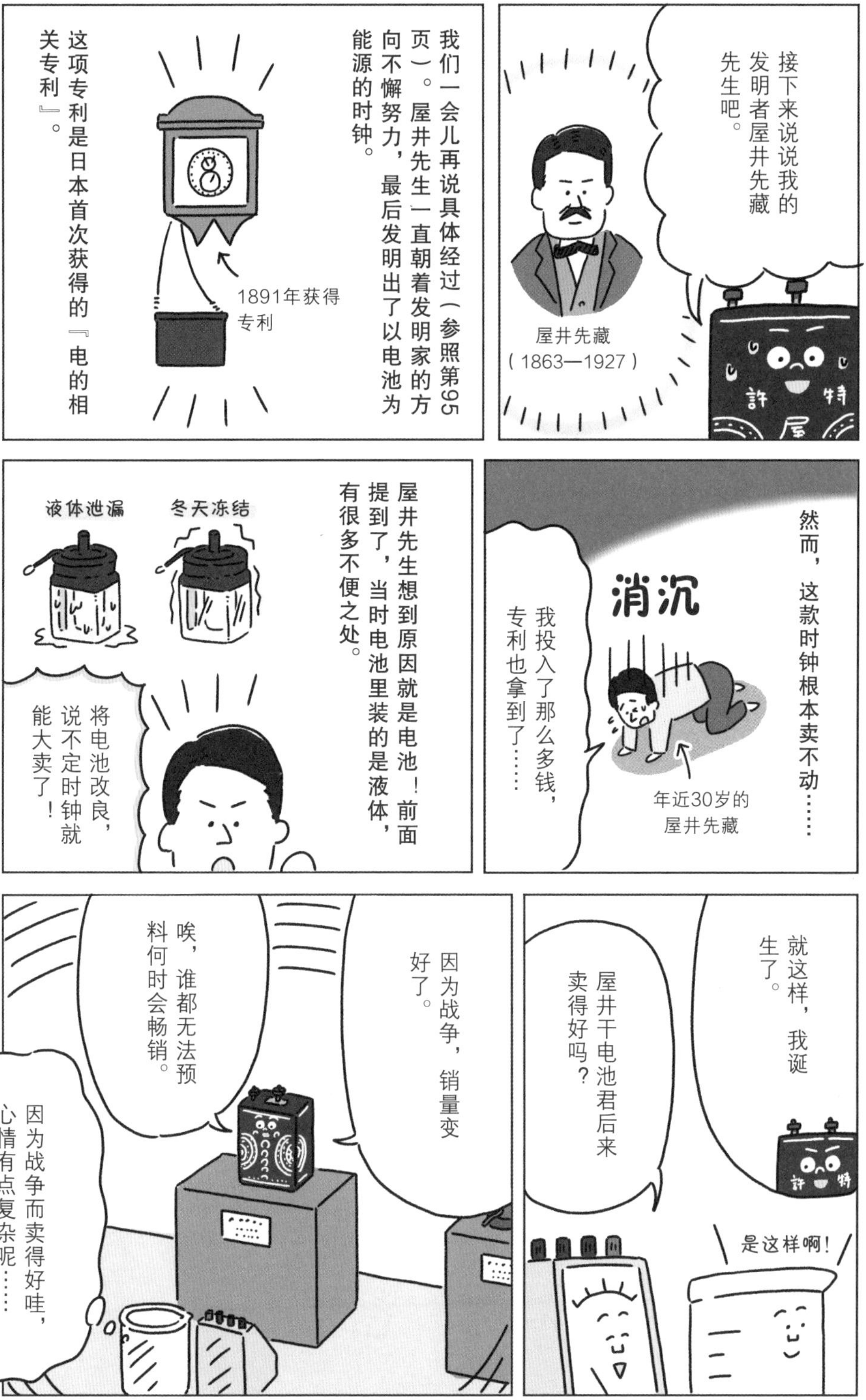
接下来说说我的发明者屋井先藏先生吧。
屋井先藏（1863—1927）
許 特
屋
我们一会儿再说具体经过（参照第95页）。屋井先生一直朝着发明家的方向不懈努力，最后发明出了以电池为能源的时钟。
1891年获得专利
这项专利是日本首次获得的『电的相关专利』。
然而，这款时钟根本卖不动……
消沉
我投入了那么多钱，专利也拿到了……
年近30岁的屋井先藏
屋井先生想到原因就是电池！前面提到了，当时电池里装的是液体，有很多不便之处。
冬天冻结
液体泄漏
将电池改良，说不定时钟就能大卖了！
就这样，我诞生了。
屋井干电池君后来卖得好吗？
是这样啊！
許 特
因为战争，销量变好了。
唉，谁都无法预料何时会畅销。
因为战争而卖得好哇，心情有点复杂呢……

屋井干电池

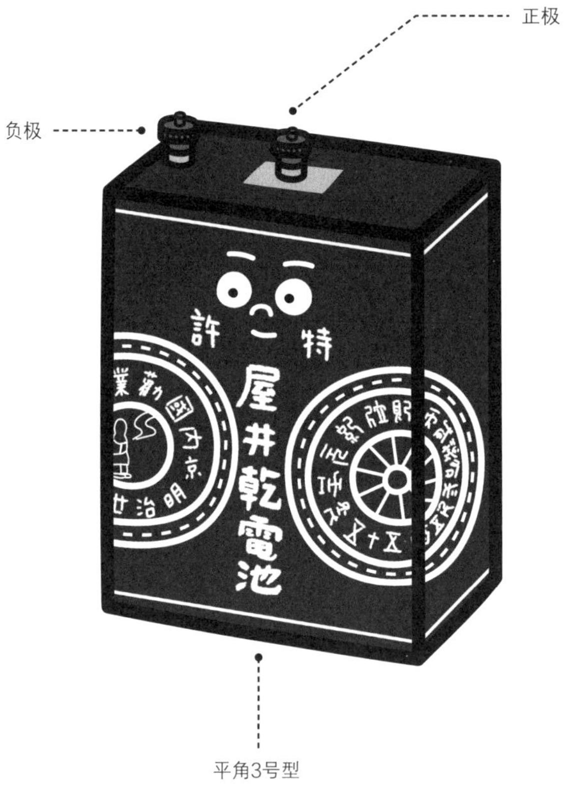
正极
负极
許
特
屋井乾電池
平角3号型

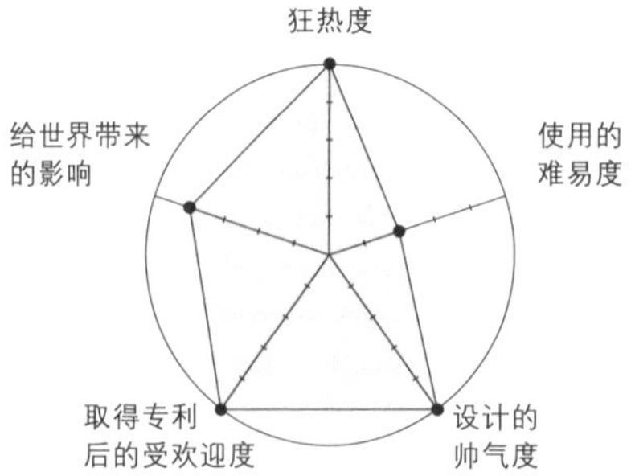
狂热度
使用的
难易度
设计的
帅气度
取得专利
后的受欢迎度
给世界带来
的影响

正式名称 屋井干电池
拿手技能 持续放电
制造年代 1887年

小知识

从时间上看，屋井干电池是世界上最早的干电池，但因为发明后没能马上取得专利，所以并不被认可。

屋井先藏先生发明电池式时钟之前

1 高等工业学校考试落榜。

消
沉

2 一整年埋头苦学（因年龄限制只能再考一次）。

哦哦哦哦哦哦哦

3 考试当天，睡过头了。

哎呀

4 急忙跑向考场，本以为能勉强赶上……

急急忙忙
我刚才看了一眼家里的钟，应该来得及……

5 刚才看的钟（发条式）其实慢了5分钟，结果没赶上考试！※

大门紧闭
时间已经到了！
啊

※有25个人因为相同的原因而迟到。

6 下定决心，制作电池式时钟。

我一定要做出电池式时钟，不让别人再经历这样的事！

KS磁钢先生
接下来就是这个房间里最后一位前辈了。
哦，你们来了。我叫……
是呀！
等等！
我也想听！
急匆匆
钕铁硼磁钢君！
呼，赶上了……我刚刚迷路了。
哈
哈
太好啦！
钕铁硼磁钢是我的晚辈！
也就是说，您也是磁钢？
没错！
这位KS磁钢先生在20世纪上半叶诞生，是当时世界上最强的磁钢……
KS磁钢
（1917年制）
哈哈哈
可以说是日本磁钢的起点。
它的发明者本多光太郎先生，是最早的日本文化勋章※获得者！
除了实验，还是实验！
本多先生是名副其实的实验狂人。
本多光太郎
（1870—1954）
原来如此，发明者是本多光太郎（Kotaro Honda），所以您的名字是KS吗？不对，这样就应该是KH呀？
为什么叫作KS呢？

※日本文化勋章：日本授予对科学技术和艺术文化的发展提升做出显著贡献的功绩者的勋章。

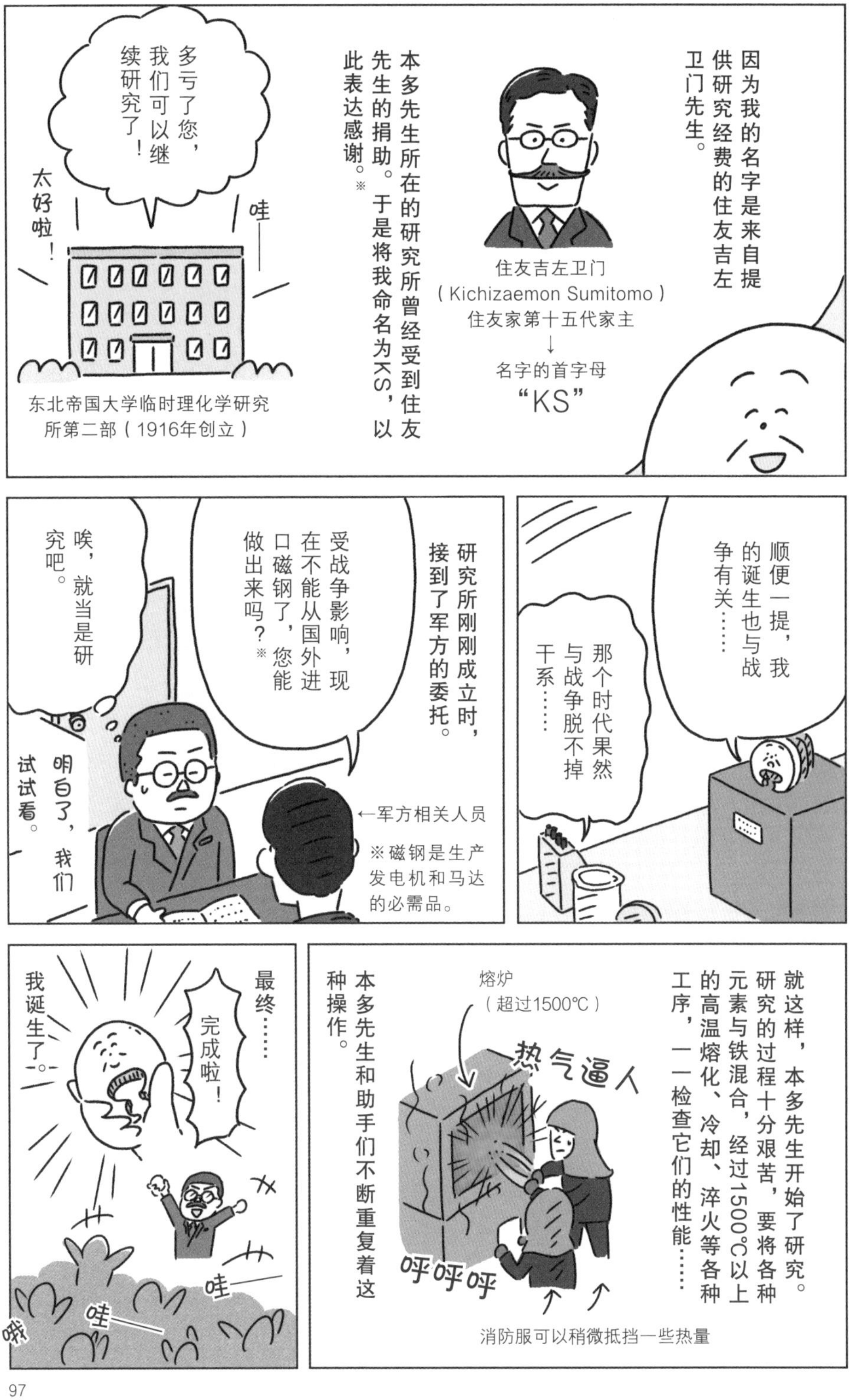
因为我的名字是来自提供研究经费的住友吉左卫门先生。
住友吉左卫门（Kichizaemon Sumitomo）住友家第十五代家主
↓
名字的首字母
“KS”
本多先生所在的研究所曾经受到住友先生的捐助。于是将我命名为KS，以此表达感谢。※
多亏了您，我们可以继续研究了！
太好啦！
哇——
东北帝国大学临时理化学研究所第二部（1916年创立）
顺便一提，我的诞生也与战争有关……
那个时代果然与战争脱不掉干系……
研究所刚刚成立时，接到了军方的委托。
受战争影响，现在不能从国外进口磁钢了，您能做出来吗？※
唉，就当是研究吧。
明白了，我们试试看。
←军方相关人员
※磁钢是生产发电机和马达的必需品。
就这样，本多先生开始了研究。研究的过程十分艰苦，要将各种元素与铁混合，经过1500℃以上的高温熔化、冷却、淬火等各种工序，一一检查它们的性能……
熔炉（超过1500℃）
热气逼人
本多先生和助手们不断重复着这种操作。
呼呼呼
消防服可以稍微抵挡一些热量
最终……
完成啦！
我诞生了。
哇——
哇
哦

※KS磁钢的专利权也无偿转让给了住友先生。

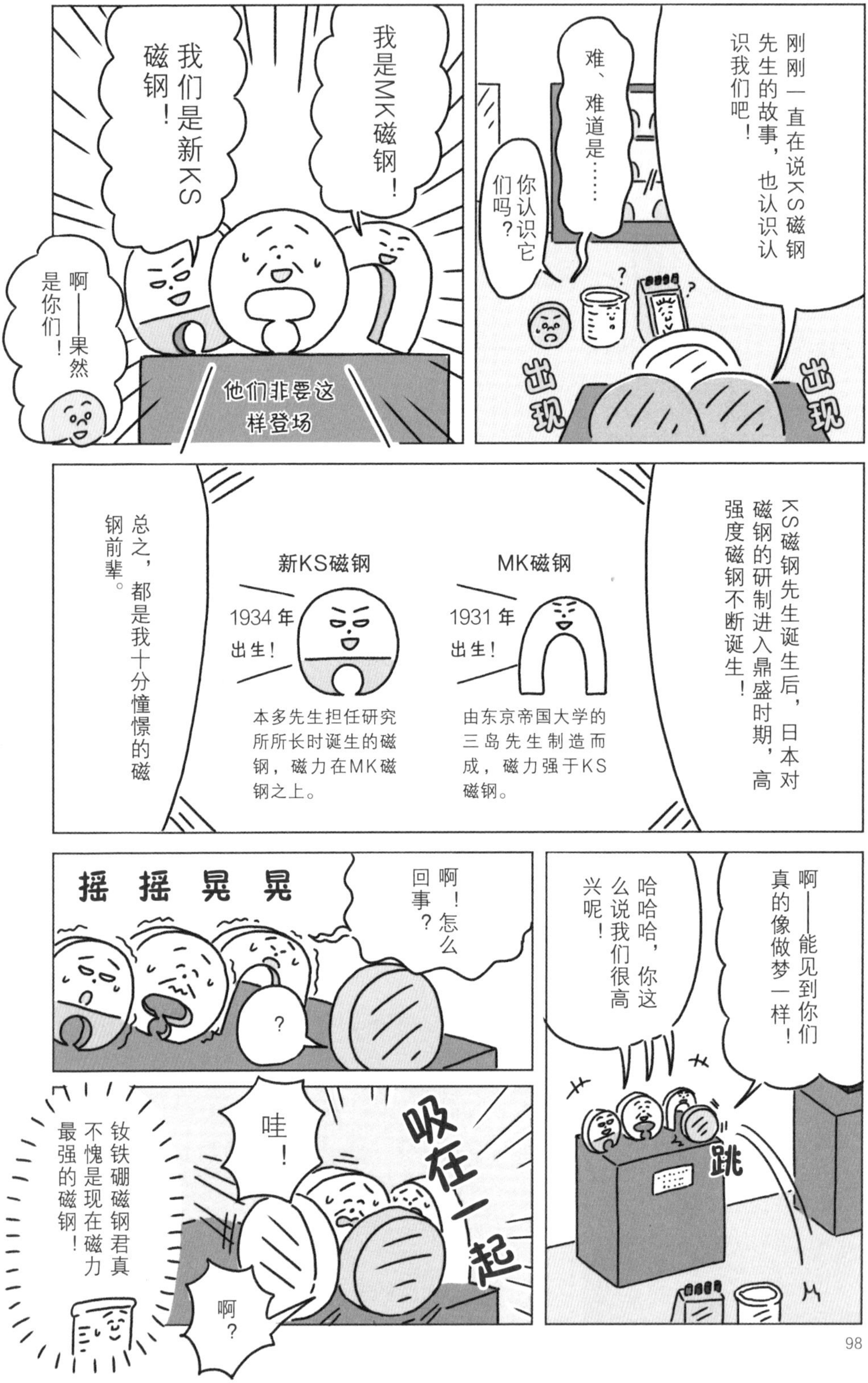
刚刚一直在说KS磁钢先生的故事，也认识认识我们吧！
难、难道是……
你认识它们吗？
？
？
出现
出现
我是MK磁钢！
我们是新KS磁钢！
啊——果然是你们！
他们非要这样登场
KS磁钢先生诞生后，日本对高强度磁钢的研制进入鼎盛时期，高强度磁钢不断诞生！
MK磁钢
1931年出生！
由东京帝国大学的三岛先生制造而成，磁力强于KS磁钢。
新KS磁钢
1934年出生！
本多先生担任研究所所长时诞生的磁钢，磁力在MK磁钢之上。
总之，都是我十分憧憬的磁钢前辈。
啊——能见到你们真的像做梦一样！
哈哈哈，你这么说我们很高兴呢！
跳
摇摇晃晃
啊！怎么回事？
？
吸在一起
哇！
啊？
钕铁硼磁钢君真不愧是现在磁力最强的磁钢！

磁钢

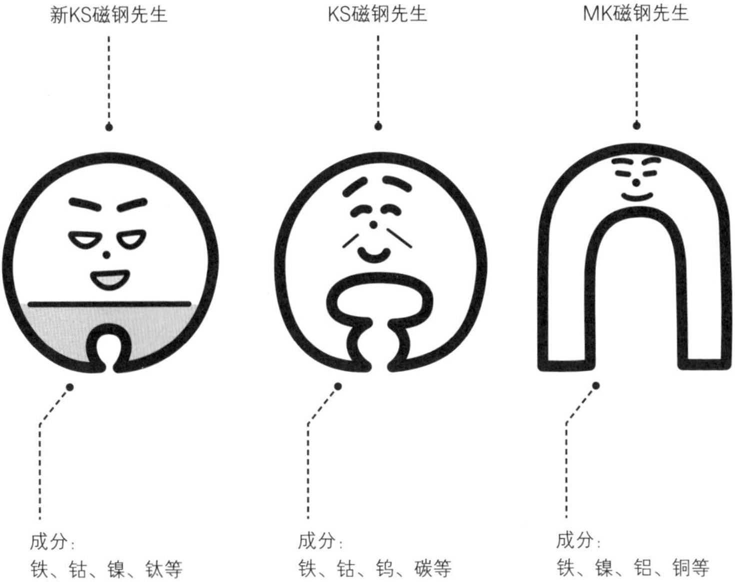
新KS磁钢先生
KS磁钢先生
MK磁钢先生
成分：
铁、钴、镍、钛等
成分：
铁、钴、钨、碳等
成分：
铁、镍、铝、铜等

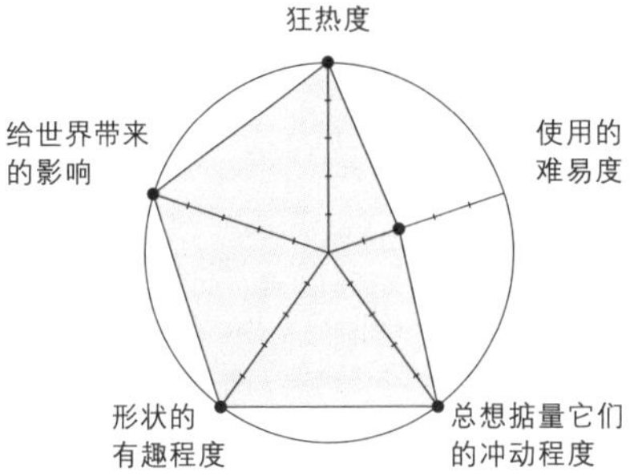
狂热度
使用的
难易度
总想掂量它们
的冲动程度
形状的
有趣程度
给世界带来
的影响

正式名称 KS磁钢、MK磁钢、新KS磁钢
拿手技能 吸住部分金属
制造年代 分别为1917年、1931年、1934年

小知识

生产KS磁钢的研究所后来更名为金属材料研究所，现在依然处于业界领先地位。

拓展

活跃于17—19世纪的电磁器具

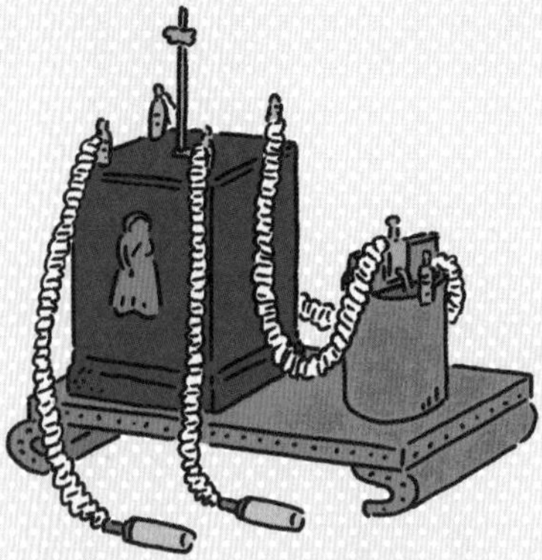

电池式摩擦起电机

19世纪中期，由日本幕府思想家佐久间象山发明。他被称为日本制造电池的第一人。

维姆胡斯感应起电机

19世纪后期，由英国发明。逆向转动附带铝片的两片圆板，使其产生高压电。

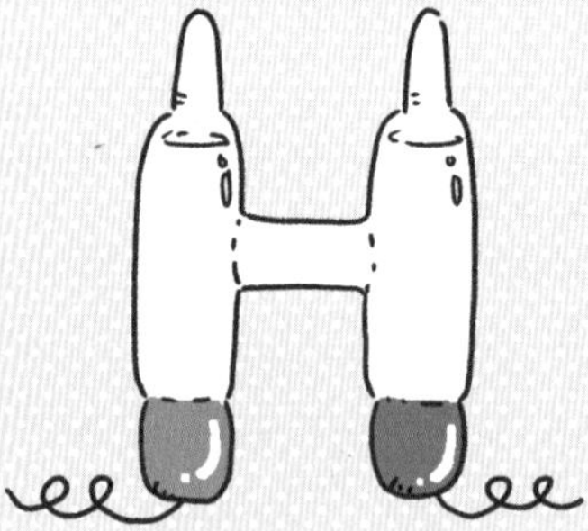

韦斯顿标准电池

韦斯顿标准电池为研制精密电表等仪器提供了精确而稳定的电压。从19世纪末开始，在约100年的时间里，韦斯顿标准电池一直作为国际标准使用。

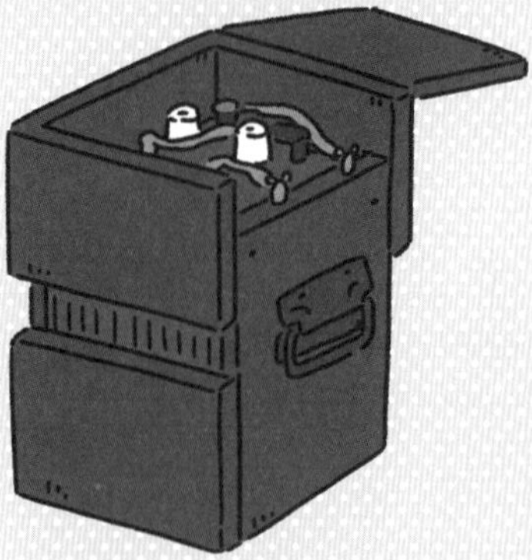

GS蓄电池

1895年，由日本岛津制作所第二代社长岛津源藏发明，是日本最早的铅蓄电池。GS是岛津源藏（Genzo Shimadzu）名字的首字母。

这么多有趣的电磁器具呀!

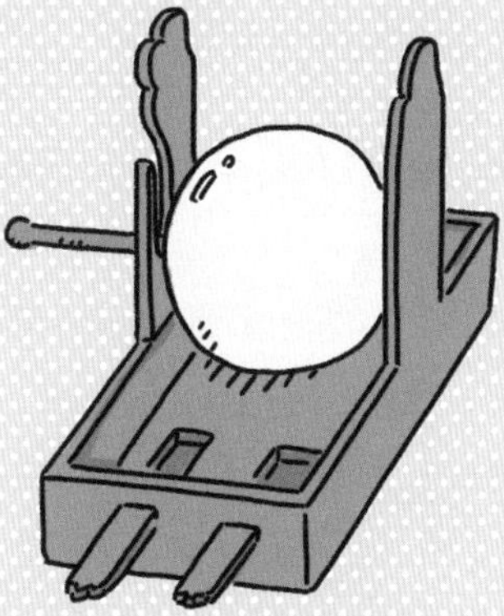

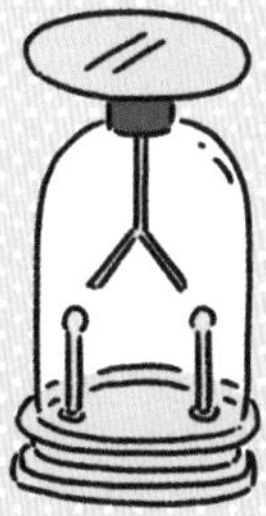

格里克硫黄球

旋转硫黄球使其产生静电的装置。17世纪中期，由德国的格里克先生制作而成。

伏打验电器

通过金属箔开闭的程度，检查物体是否带电。18世纪后期，由伏打先生制作而成。

法拉第圆盘发电机

1831年，在实验中发现“电磁感应※定律”，之后法拉第圆盘发电机被发明出来，它是世界上第一台发电机。

※电磁感应：线圈在靠近、远离磁铁时产生电流的现象。

我与前辈们的回忆

4

现在的干电池体积小巧、随处可见，是非常便利的电源。但是在伏打电堆时代，电池是一种巨大、笨重又很难使用的商品。自己动手做一个就会知道（不做应该也知道）锌板和铜板的重量，而且实验之后一定要好好清洗，不然金属很快就会生锈报废（这两种金属的价格都不便宜，不可能用一次就扔掉），金属板周围也会因为沾上盐水（或者稀硫酸）变得黏糊糊。这样想一想，大家就会明白，发明干电池的人多么伟大。

接下来，说一说磁铁……本章中也提到了，近代的很多磁钢都是日本发明的。常用于制作廉价冰箱贴的铁氧体磁铁，是1937年东京工业大学的加藤与五郎和武井武研制出来的；现今磁性最强的钕铁硼磁钢，是1982年住友金属的佐川真人等人发明的。日本真是磁铁大国呀！

其实，不论KS磁钢，还是铁氧体材料，在制成之初并不是磁铁，需要将它们放进强大的磁场中进行“磁化”，之后才能变成磁铁。所以，就算把钉子放进强磁场里也可以做成磁铁，但问题是哪里有强磁场……

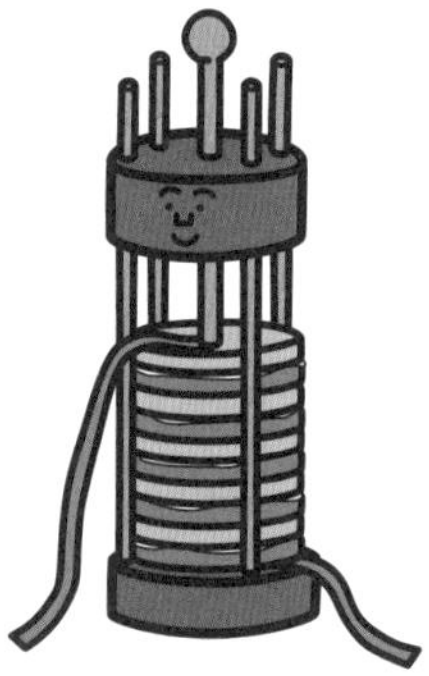

我曾经尝试过，将钉子插进漆包线线圈（也就是电磁体）里，线圈的另一端插进插座。（非常危险！切勿模仿！）结果突然火花四散，线圈喷出火来，差点酿成火灾，我没有触电简直是个奇迹。（重复一遍，真的非常危险！）

当今时代，电是我们身边一种非常便利的能源，但是一旦粗心就容易酿成危险。电可以在短时间内产生巨大的能量，这种极具爆发性的力量是非常危险的，大家一定要牢记这一点。

CHAPTER 5
有关真空和光的前辈们

有关真空和光的前辈们

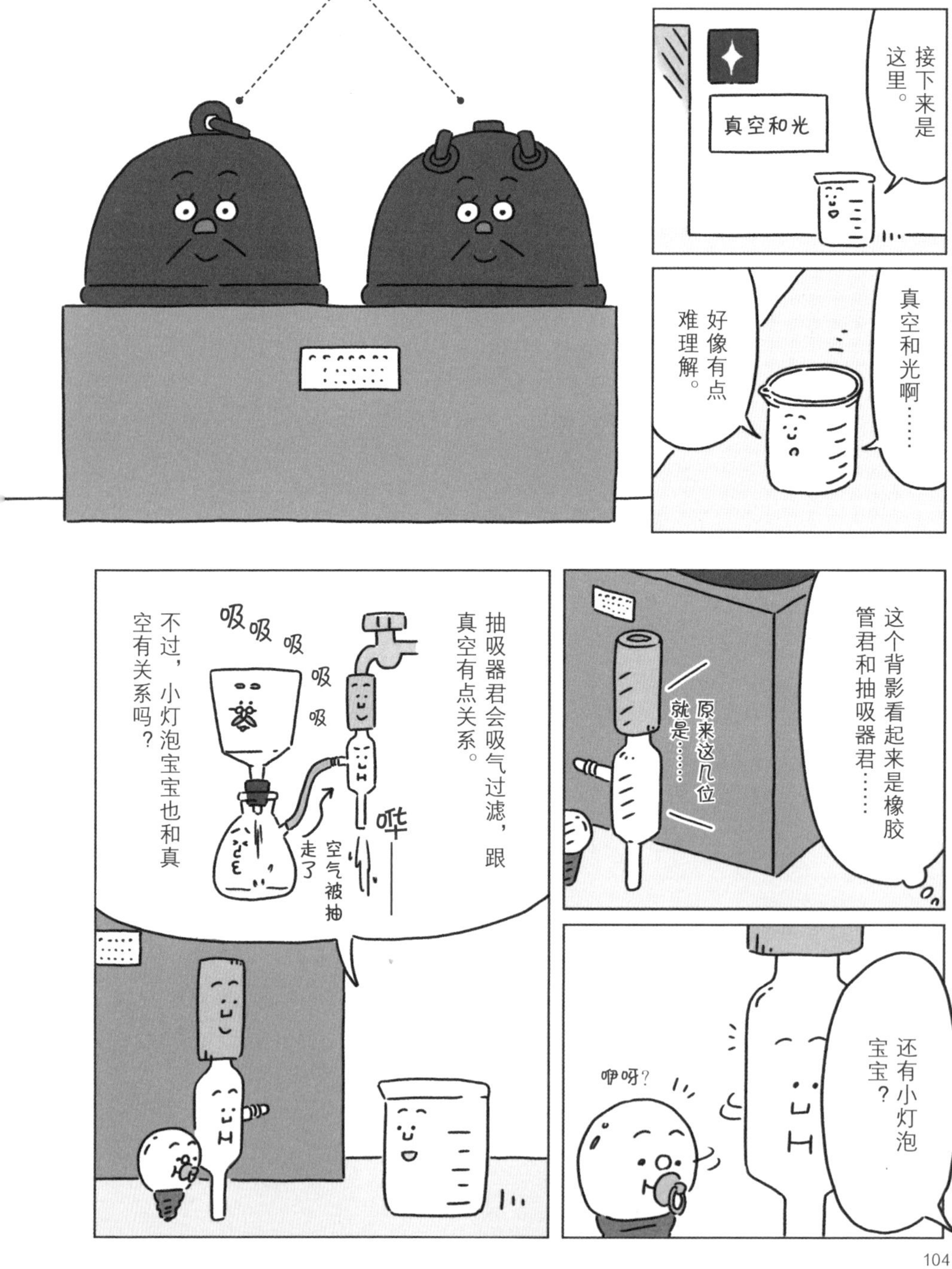
接下来是这里。
真空和光
真空和光啊……
好像有点难理解。
马德堡半球姐妹
这个背影看起来是橡胶管君和抽吸器君……
原来这几位就是……
抽吸器君会吸气过滤，跟真空有点关系。
吸吸吸吸吸
哗——
空气被抽走了
不过，小灯泡宝宝也和真空有关系吗？
还有小灯泡宝宝？
咿呀？

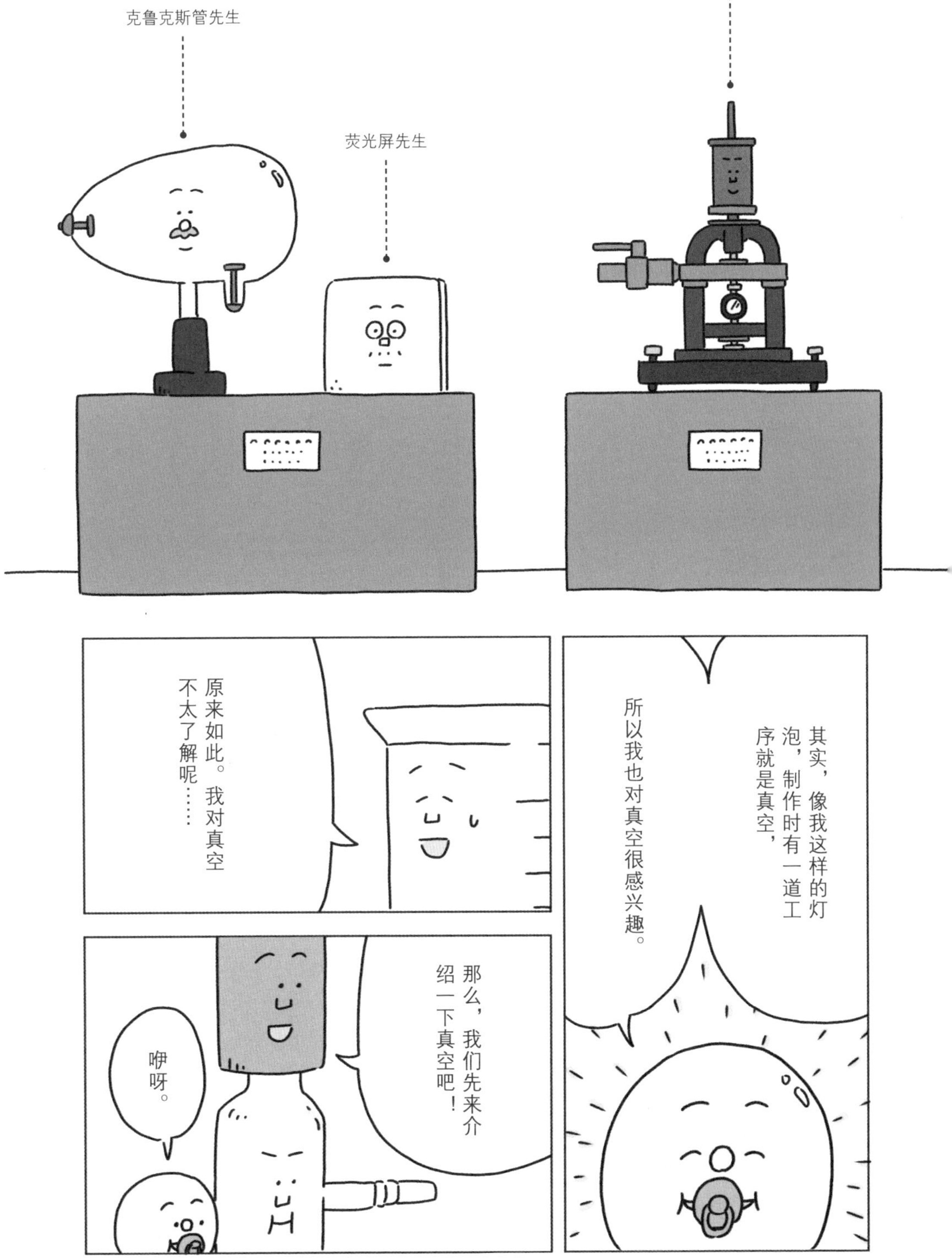
克鲁克斯管先生
荧光屏先生
傅科旋转镜君
其实，像我这样的灯泡，制作时有一道工序就是真空，
所以我也对真空很感兴趣。
原来如此。我对真空不太了解呢……
那么，我们先来介绍一下真空吧！
咿呀。

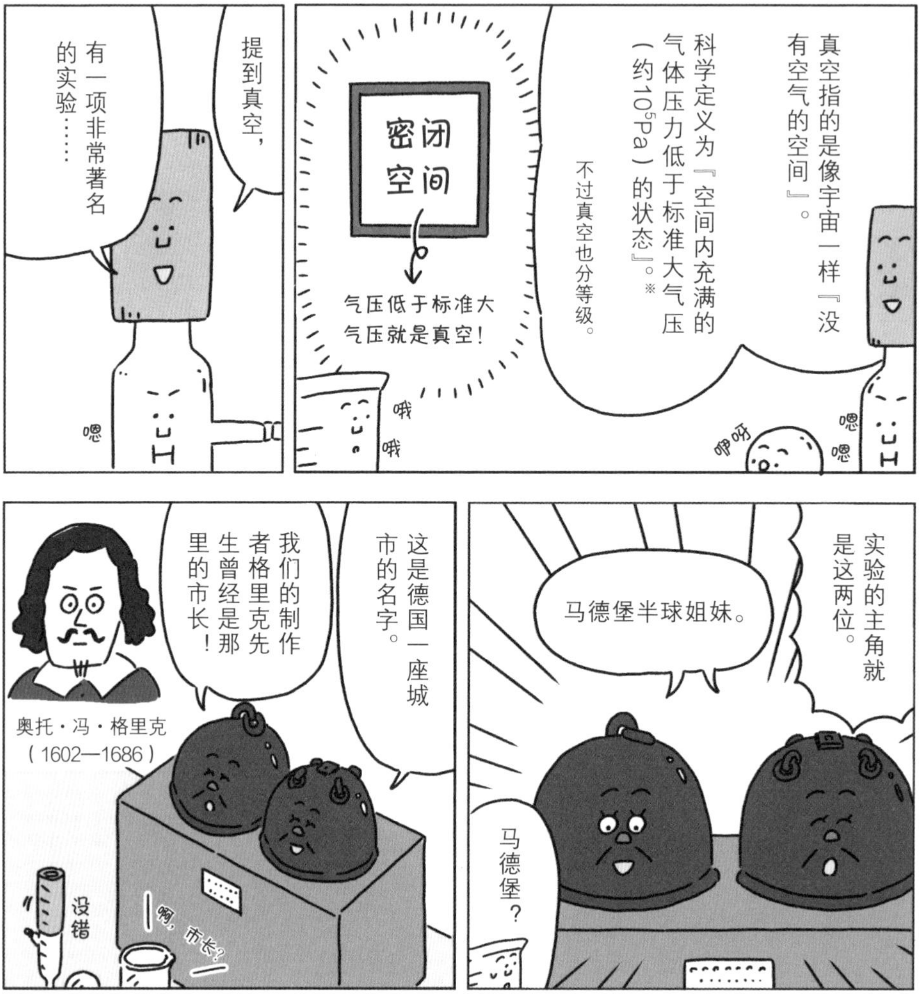
真空指的是像宇宙一样『没有空气的空间』。
科学定义为『空间内充满的气体压力低于标准大气压（约10^5Pa）的状态』。※
不过真空也分等级。
密闭空间
气压低于标准大气压就是真空！
哦哦
嗯嗯
咿呀
提到真空，
有一项非常著名的实验……
嗯
实验的主角就是这两位。
马德堡半球姐妹。
马德堡？
这是德国一座城市的名字。
我们的制作者格里克先生曾经是那里的市长！
奥托·冯·格里克（1602—1686）
没错
啊，市长？

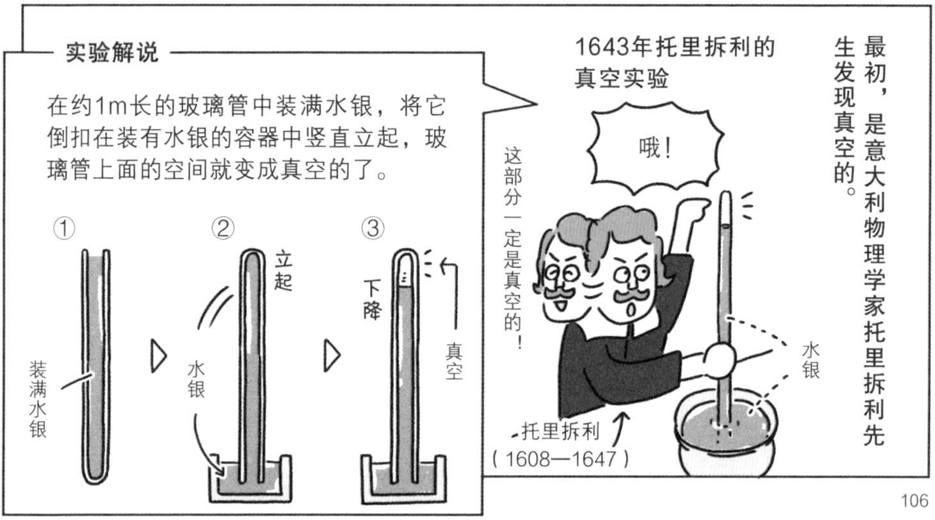
最初，是意大利物理学家托里拆利先生发现真空的。
1643年托里拆利的真空实验
哦！
这部分一定是真空的！
水银
托里拆利（1608—1647）
实验解说
在约1m长的玻璃管中装满水银，将它倒扣在装有水银的容器中竖直立起，玻璃管上面的空间就变成真空的了。
①
装满水银
②
立起
水银
③
下降
真空

※基于JIS（日本工业标准）的定义。

格里克先生一边当市长，一边进行研究，就这样发明出了世界上第一台真空泵。
我将消防泵改良，就做出了它。
用这个应该可以轻松地制造出真空状态吧！
金属球
嘶
嘶
嘶
嘶
有了真空状态，就可以做新的实验了。
好，这颗金属球的内部已经变成真空状态了……
咔嚓
瘪了
咔嚓
咔嚓
啊！
这样啊，真空的金属球内部没有空气支撑，所以凹进去了。
也就是说，球内部的空气确实被抽走了。
那么，只要再做一个结实的球就行了……
于是，我们诞生了！
我们很坚固哦！
之后，格里克先生验证了我们可以承受住内部真空后外界施加的压力。为了告诉大家真空的厉害之处，他计划了一场公开实验。
既然要做实验，那就办得盛大一些，多叫一些观众过来……
虽然要花很多钱，但是没关系。

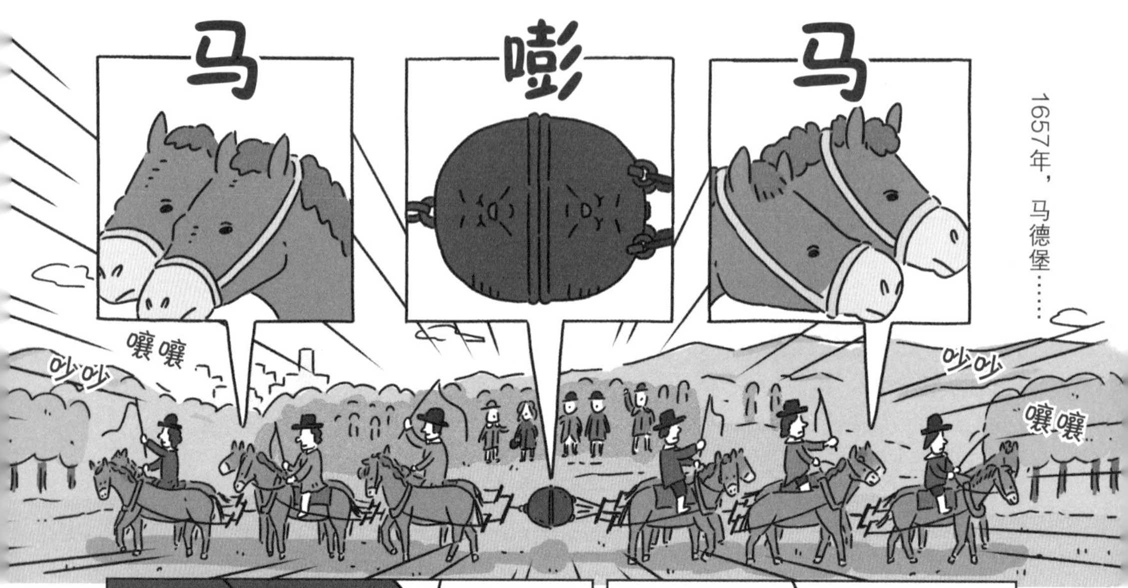
1657年，马德堡……
马
嘭
马
吵吵
嚷嚷
吵吵
嚷嚷

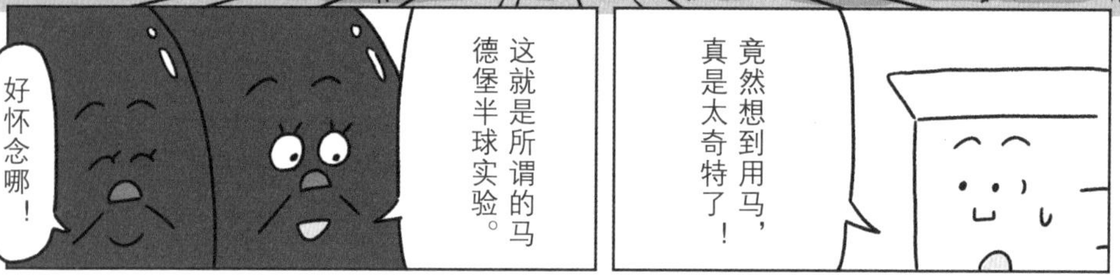
竟然想到用马，真是太奇特了！
这就是所谓的马德堡半球实验。
好怀念哪！

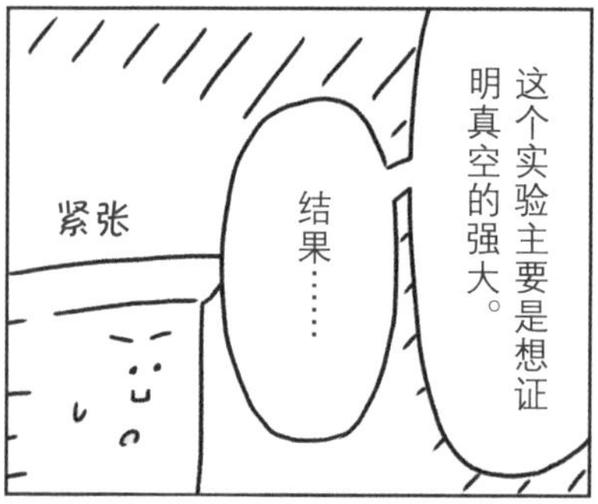
这个实验主要是想证明真空的强大。
结果……
紧张

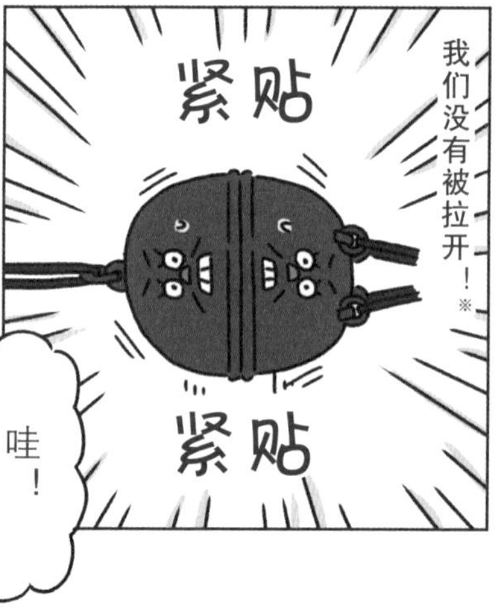
我们没有被拉开！※
紧贴
紧贴
哇！

※严格来说，是在两边的马总共增加到16匹时才被拉开。

马德堡半球实验　实验方法

①抽出半球里的空气。

嘶
嘶

②用绳子把半球和马拴在一起。

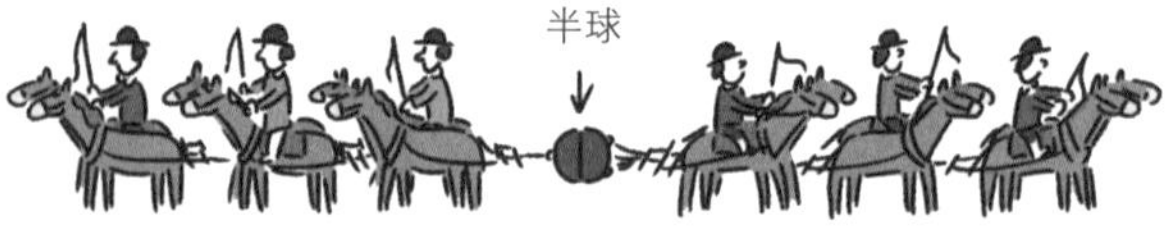
半球

③让马朝两边拉。

嘶呜
半球
嘶呜

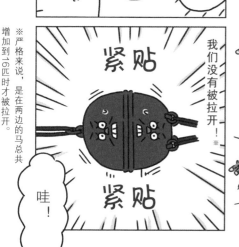

实验后……
看好了，我要把这个连马都拉不开的球……
拉开。
吵吵嚷嚷
吵吵嚷嚷
转 转
噗
哧
打开
只要它不是真空的，就可以轻易打开了！
好厉害！
鼓掌
鼓掌
啊，为什么呢？

原理解说

①球的内部真空时，会受到外部压力（大气压）的作用，所以打不开。

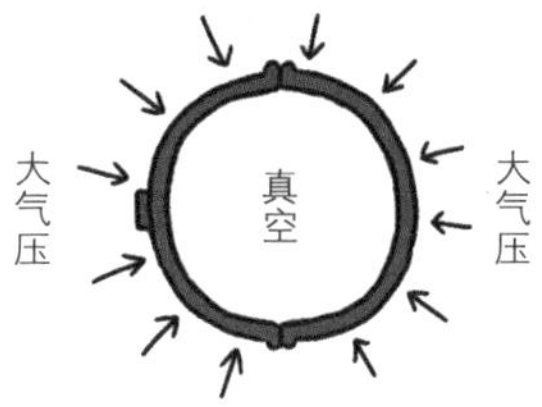
大气压
真空
大气压

②打开阀门，让空气进入球的内部。

哧
内外的压力相同

③球的内外没有压力差，就可以轻易打开了。

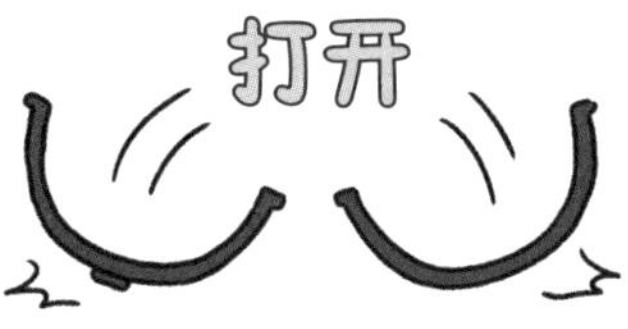
打开

之后，随着这个实验的传播，世界各地都开始研制真空泵，真空技术也不断发展起来。
是这样啊！

仔细想想，格里克先生真是太优秀了，
竟然可以一边当市长，一边做研究！

马德堡半球

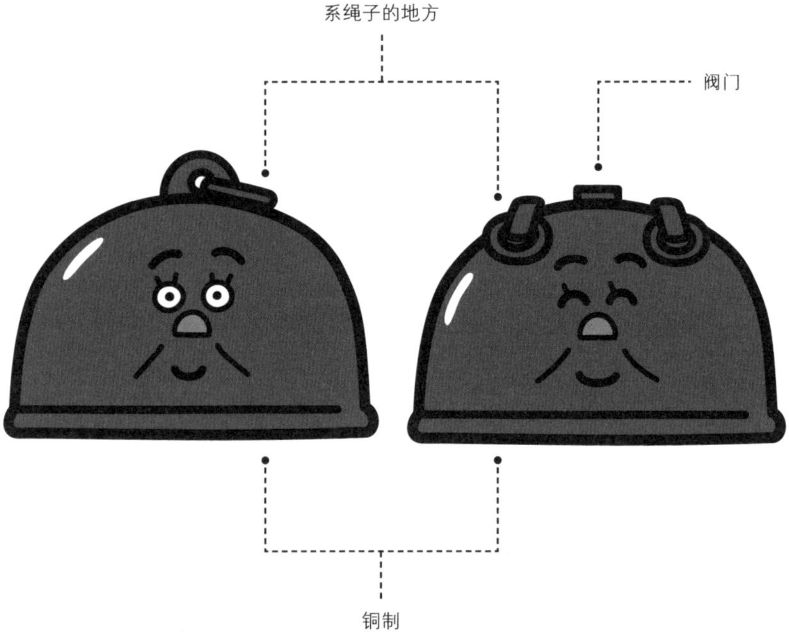
系绳子的地方
阀门
铜制

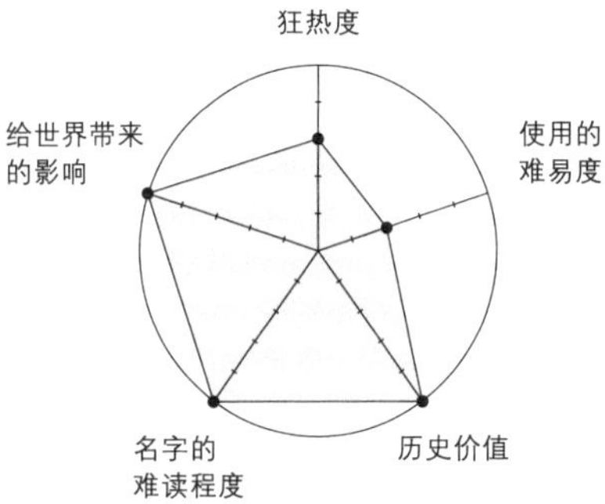
狂热度
使用的
难易度
历史价值
名字的
难读程度
给世界带来
的影响

正式名称 马德堡半球
拿手技能 承受真空带来的压力
制造年代 17世纪中期

小知识

格里克先生家以前从事酿造业，所以第一次真空实验时用的容器是酿造桶。

拓展

有关真空的器具们

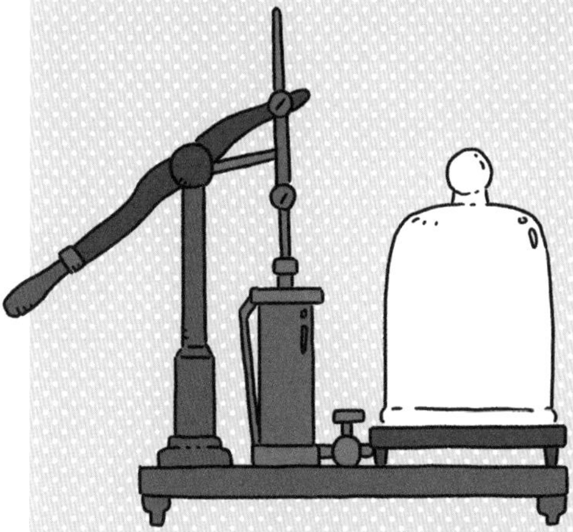

岛津制排气机

1880年左右，由现在的岛津制作所制造的真空泵。通过左侧泵的上下运动，抽出右侧玻璃容器中的空气。

波义耳真空泵

英国物理学家波义耳在格里克实验的影响下发明的实验器具。顶部的玻璃容器可以装实验材料。

回转水银真空泵

1905年，由德国物理学家盖德发明的实验器具。在发动机的驱动下可达到10^{-6}mmHg的高真空状态。

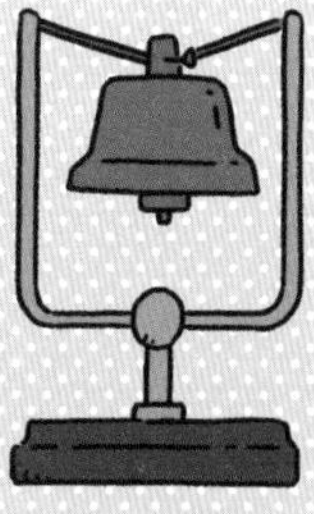

真空铃

通过在真空状态下敲击铃铛，证明真空不能传声。

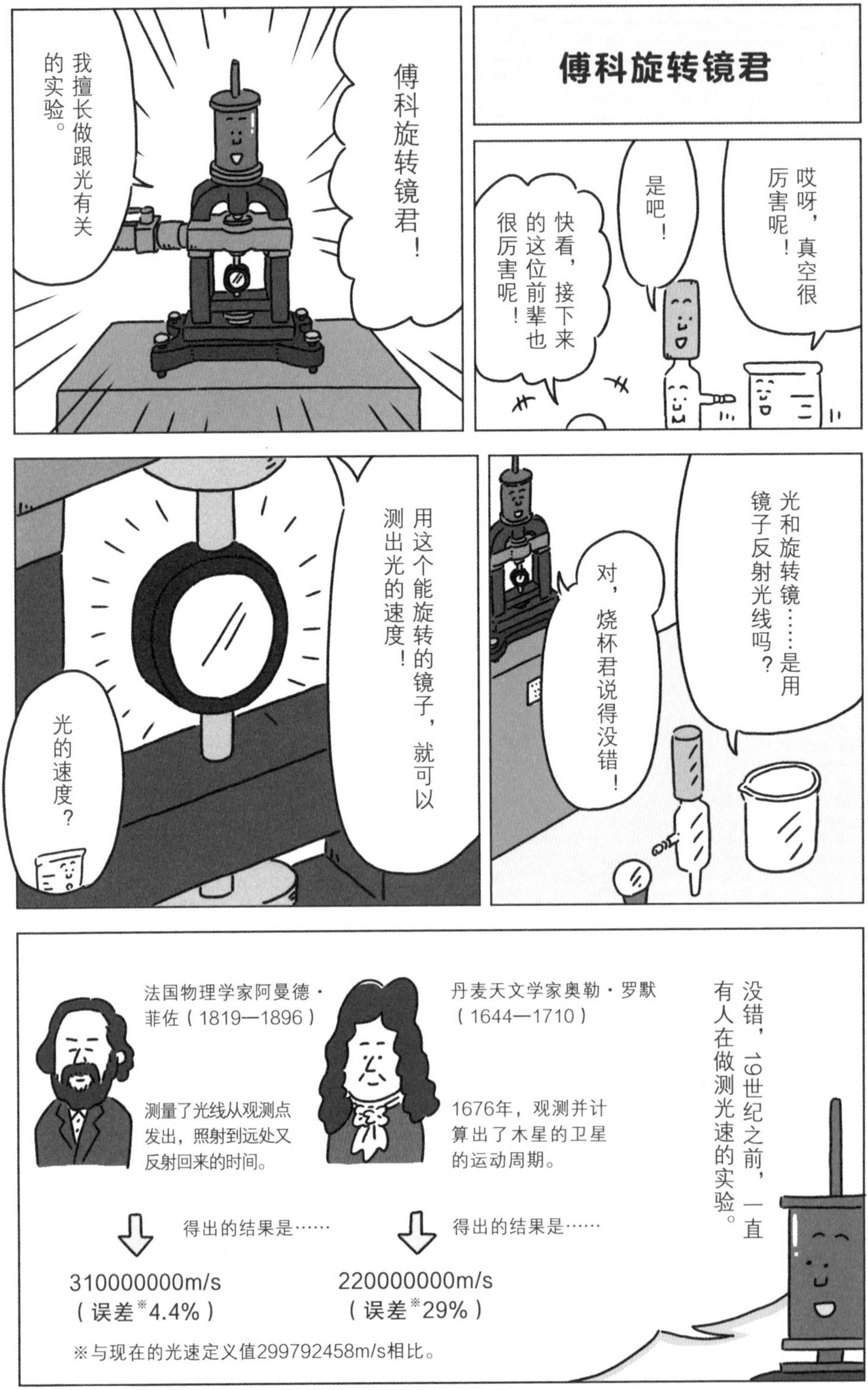
傅科旋转镜君
哎呀，真空很厉害呢！
是吧！
快看，接下来的这位前辈也很厉害呢！
傅科旋转镜君！
我擅长做跟光有关的实验。
光和旋转镜……是用镜子反射光线吗？
对，烧杯君说得没错！
用这个能旋转的镜子，就可以测出光的速度！
光的速度？
没错，19世纪之前，一直有人在做测光速的实验。
法国物理学家阿曼德·菲佐（1819—1896）
测量了光线从观测点发出，照射到远处又反射回来的时间。
得出的结果是……
310000000m/s（误差※4.4%）
丹麦天文学家奥勒·罗默（1644—1710）
1676年，观测并计算出了木星的卫星的运动周期。
得出的结果是……
220000000m/s（误差※29%）
※与现在的光速定义值299792458m/s相比。

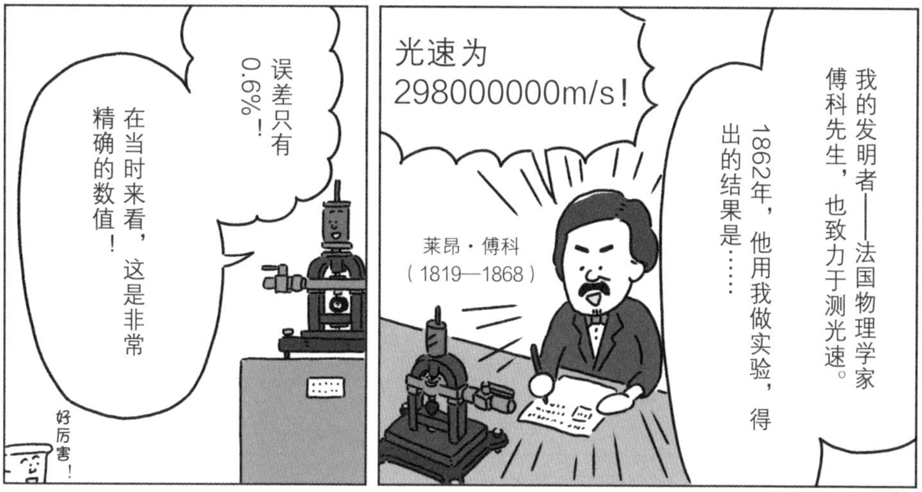
我的发明者——法国物理学家傅科先生，也致力于测光速。
1862年，他用我做实验，得出的结果是……
光速为298000000m/s！
莱昂·傅科
（1819—1868）
误差只有0.6%！
在当时来看，这是非常精确的数值！
好厉害！

傅科的光速测定实验装置图

光从光源出发，被旋转镜反射到反射镜上，再原路返回。

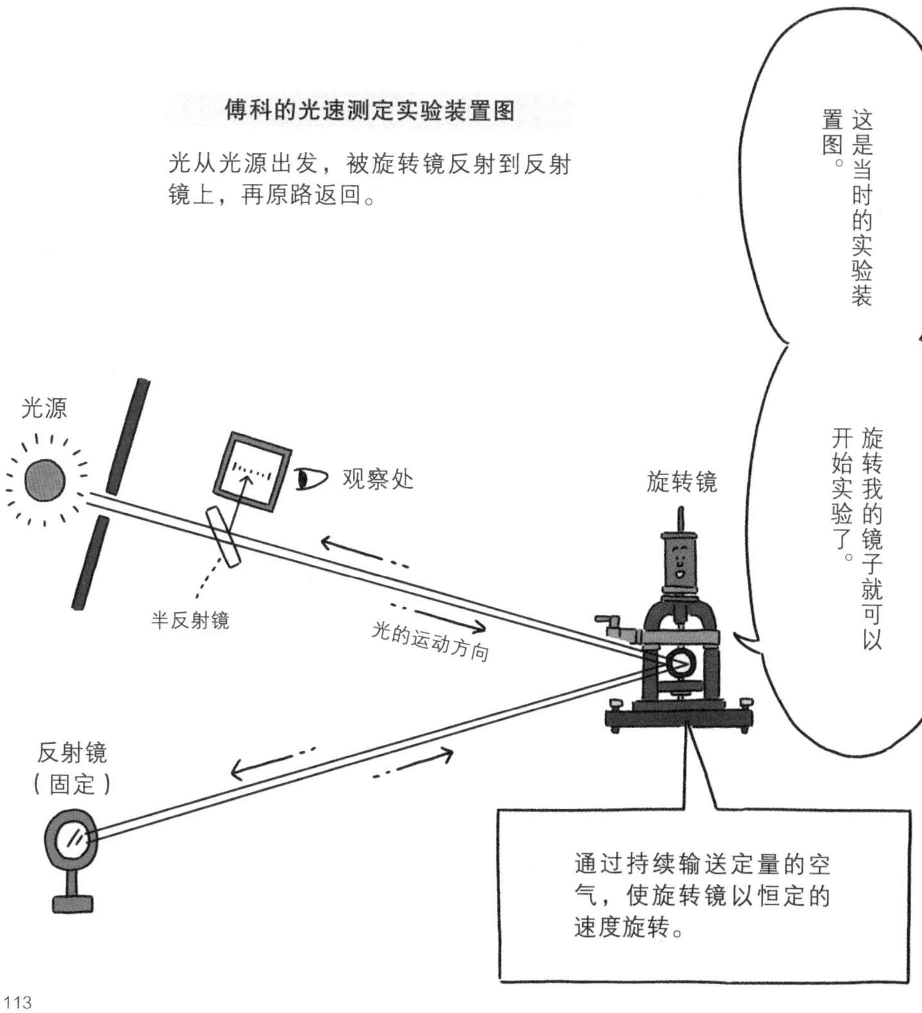
这是当时的实验装置图。
旋转我的镜子就可以开始实验了。
光源
观察处
半反射镜
光的运动方向
旋转镜
反射镜
（固定）
通过持续输送定量的空气，使旋转镜以恒定的速度旋转。

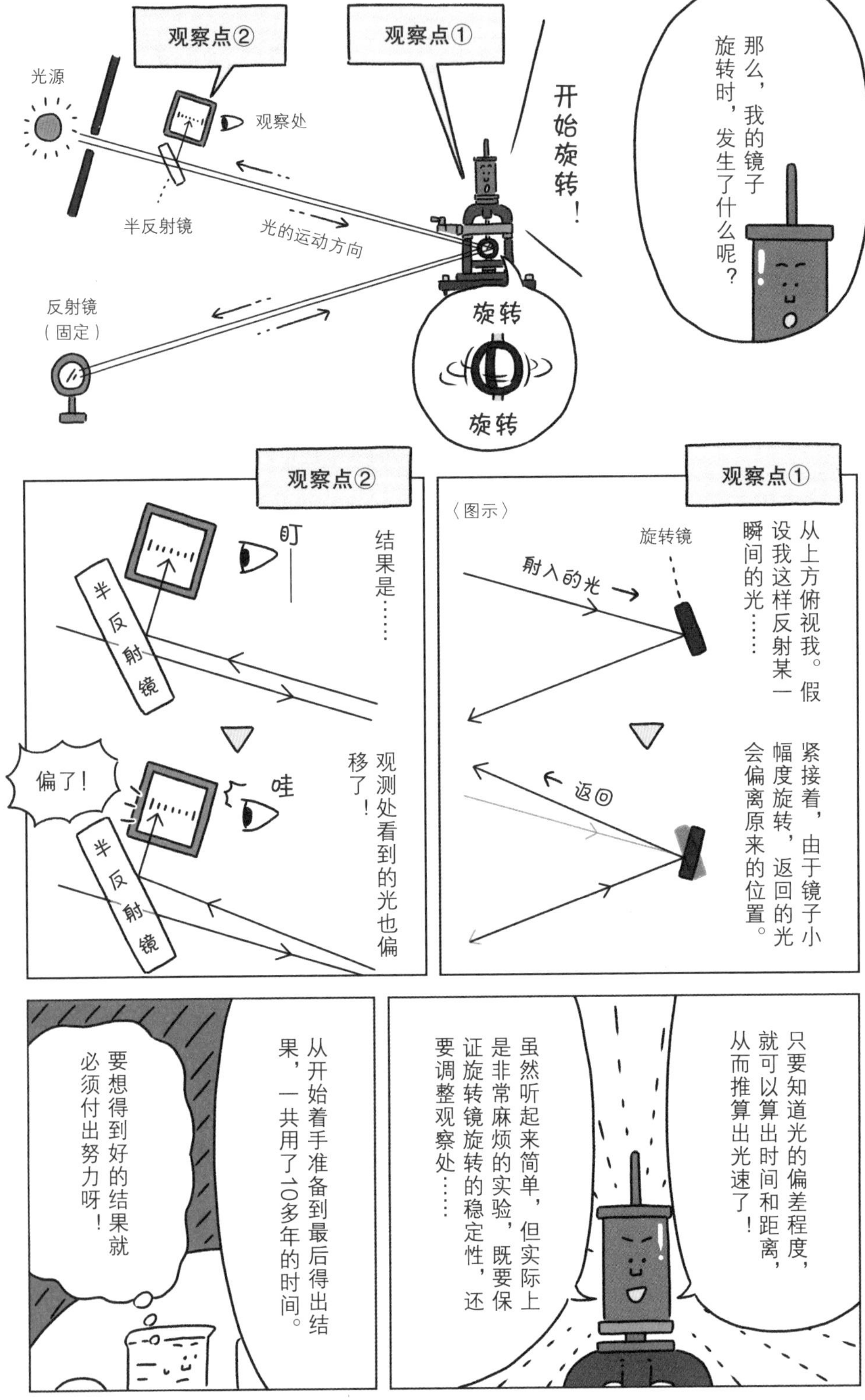
那么，我的镜子旋转时，发生了什么呢？
开始旋转！
观察点①
观察点②
光源
观察处
半反射镜
光的运动方向
反射镜（固定）
旋转
旋转
观察点①
〈图示〉
从上方俯视我。假设我这样反射某一瞬间的光……
旋转镜
射入的光
紧接着，由于镜子小幅度旋转，返回的光会偏离原来的位置。
返回
观察点②
结果是……
盯——
半反射镜
观测处看到的光也偏移了！
哇
偏了！
半反射镜
只要知道光的偏差程度，就可以算出时间和距离，从而推算出光速了！
虽然听起来简单，但实际上是非常麻烦的实验，既要保证旋转镜旋转的稳定性，还要调整观察处……
从开始着手准备到最后得出结果，一共用了10多年的时间。
要想得到好的结果就必须付出努力呀！

傅科旋转镜

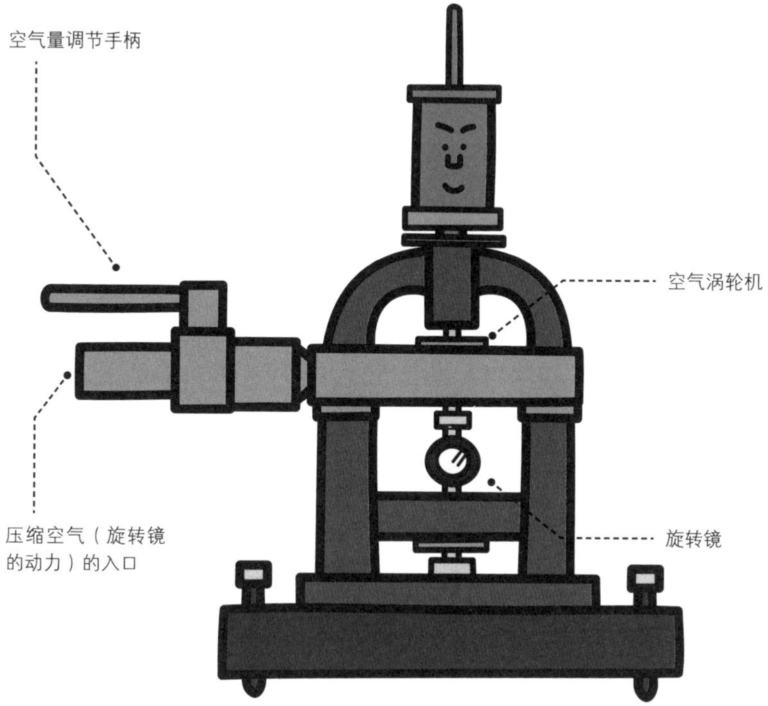
空气量调节手柄
空气涡轮机
压缩空气（旋转镜
的动力）的入口
旋转镜

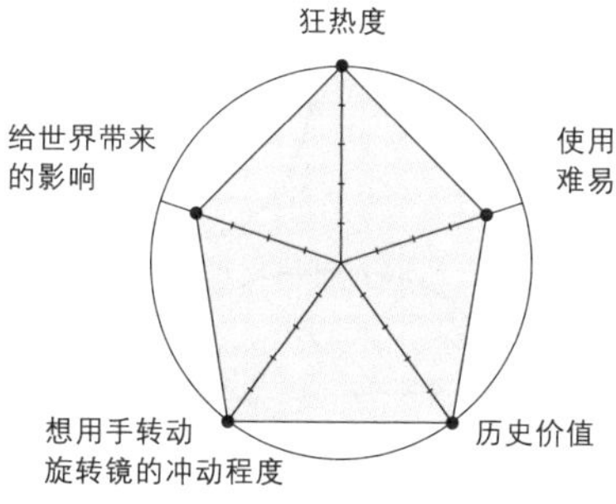
狂热度
使用的
难易度
历史价值
想用手转动
旋转镜的冲动程度
给世界带来
的影响

正式名称 傅科旋转镜
拿手技能 使镜子旋转
制造年代 19世纪中期

小知识

傅科先生发明的傅科摆（用于证明地球自转）也十分有名。

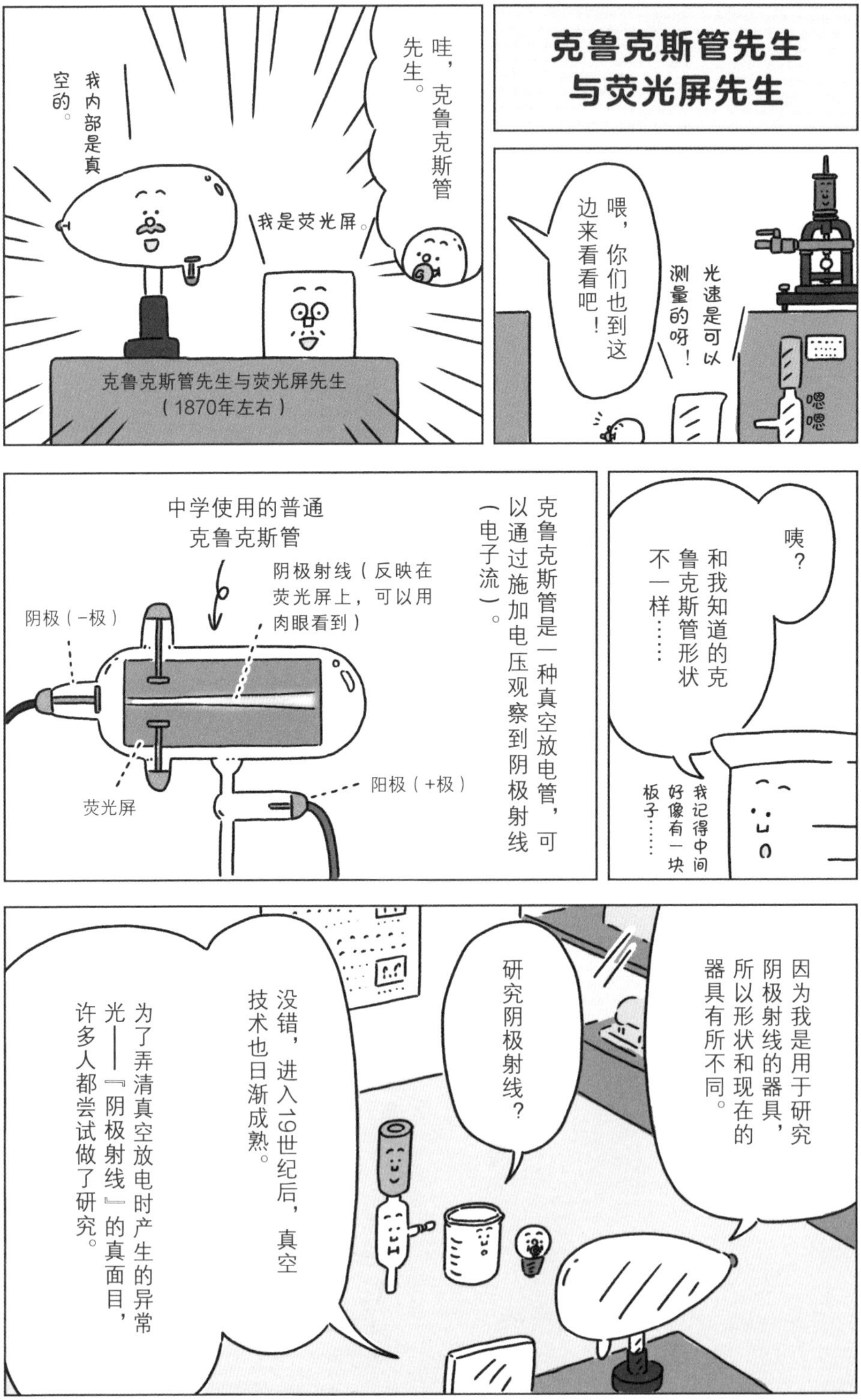
克鲁克斯管先生
与荧光屏先生
喂，你们也到这边来看看吧！
光速是可以测量的呀！
嗯嗯
哇，克鲁克斯管先生。
我内部是真空的。
我是荧光屏。
克鲁克斯管先生与荧光屏先生
（1870年左右）
咦？
和我知道的克鲁克斯管形状不一样……
我记得中间好像有一块板子……
克鲁克斯管是一种真空放电管，可以通过施加电压观察到阴极射线（电子流）。
中学使用的普通
克鲁克斯管
阴极射线（反映在荧光屏上，可以用肉眼看到）
阴极（－极）
荧光屏
阳极（＋极）
因为我是用于研究阴极射线的器具，所以形状和现在的器具有所不同。
研究阴极射线？
没错，进入19世纪后，真空技术也日渐成熟。
为了弄清真空放电时产生的异常光——『阴极射线』的真面目，许多人都尝试做了研究。

这其中……
19世纪末，有一项与我们相关的重大发现。
1895年，德国物理学家伦琴先生正在暗室中研究阴极射线。※
※在明亮的房间里研究阴极射线会影响结果，所以实验要在暗室进行。
威廉·伦琴（1845—1923）
克鲁克斯管也包上了黑纸
接下来……
接通电源！
启动
这时，一个物体发出了微弱的光……
发光
嗯？
转头
咦，那是什么光？
那里怎么是亮的？
发光
那时发光的就是我。

走过去
发光
这块荧光屏离得这么远……
拿起
怎么还能发光？好奇怪呀……
虽然知道了阴极射线可以使荧光屏发光，
但是阴极射线不可能射那么远，
难道说，阴极射线放出了别的什么肉眼看不见的神秘射线？
克鲁克斯管
荧光屏
阴极射线最多只能射出几厘米
放出神秘射线
难不成是……
新发现？！
啊，这是X线！
正是！
是这样啊……
之后，伦琴先生将这个看不见的神秘射线命名为『X线』，发表了许多与之相关的验证结果。
X线可以透射人体。这张照片就是证据！
X线
X光片（妻子的手）
这个发现在科学界和医学界都引起了巨大反响！
X线好厉害！
快把它应用于医疗！
这是世纪性的发现！
他还成了第一位获得诺贝尔物理学奖的人！
没错！
说诺贝尔奖的历史是从我们开始的也不为过！
真羡慕！

克鲁克斯管与荧光屏

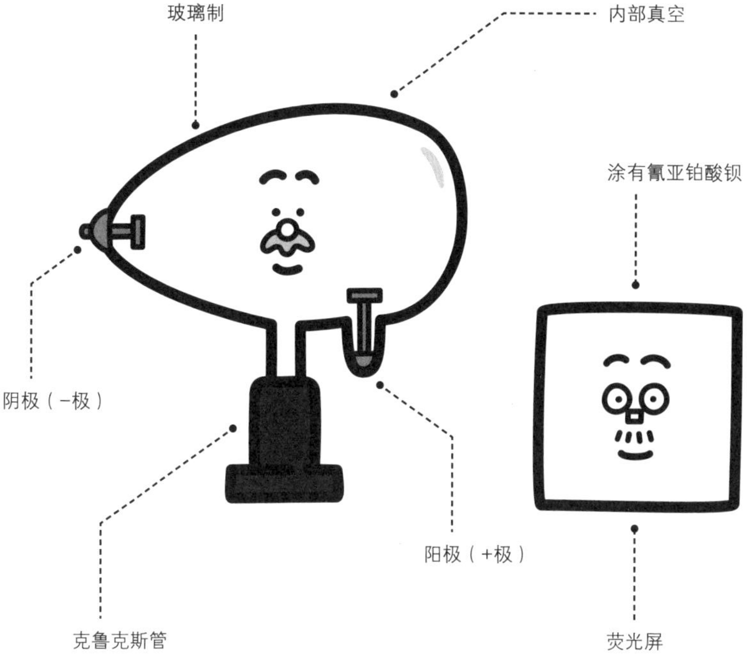
玻璃制
内部真空
涂有氰亚铂酸钡
阴极（–极）
克鲁克斯管
阳极（+极）
荧光屏

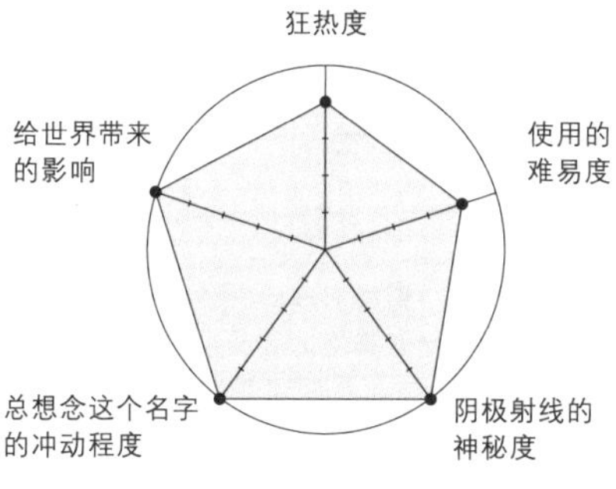
狂热度
使用的
难易度
阴极射线的
神秘度
总想念这个名字
的冲动程度
给世界带来
的影响

正式名称　克鲁克斯管
拿手技能　产生阴极射线
制造年代　1870年左右

小知识

克鲁克斯的名字取自它的发明者，英国物理学家威廉·克鲁克斯（1832—1919）。

拓展

用于实验的各种真空放电管

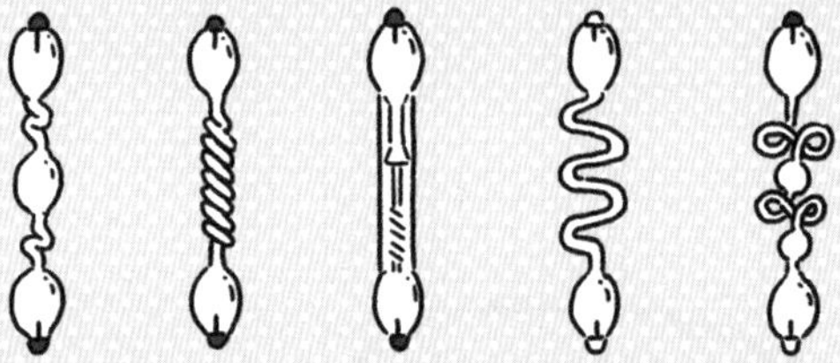

盖斯勒管

真空放电管的先驱。受物理学家普吕克（1801—1868）的委托，德国玻璃匠人盖斯勒（1814—1879）开始制作盖斯勒管。低压气体导电实验因此得以进行。

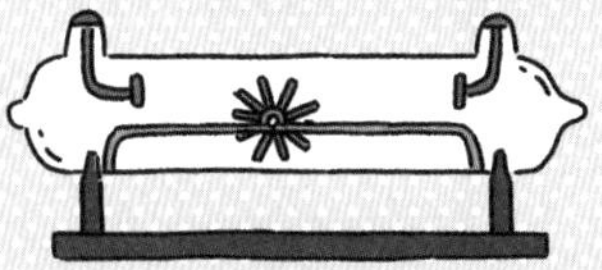

叶轮克鲁克斯管

管中有一片可以在轨道上移动的小型叶轮。叶轮被阴极射线射中时看起来好像在移动，但实际上它是在残余气体的作用下移动的。

展示热作用的克鲁克斯管

底部的电极为凹面镜形状，焦点处是铝制金属片。用于观察金属片被阴极射线加热变红的现象。

戈德斯坦管

为了证明阴极射线是朝向同一方向发射的平行射线，所以电极的形状被加工成星形。其名字取自德国物理学家戈德斯坦（1850—1930）。

布尔齐管

来自上电极的阴极射线照射叶轮，通过气体的温度变化使其旋转。其名字取自乌克兰物理学家伊凡·布尔齐（1845—1918）。

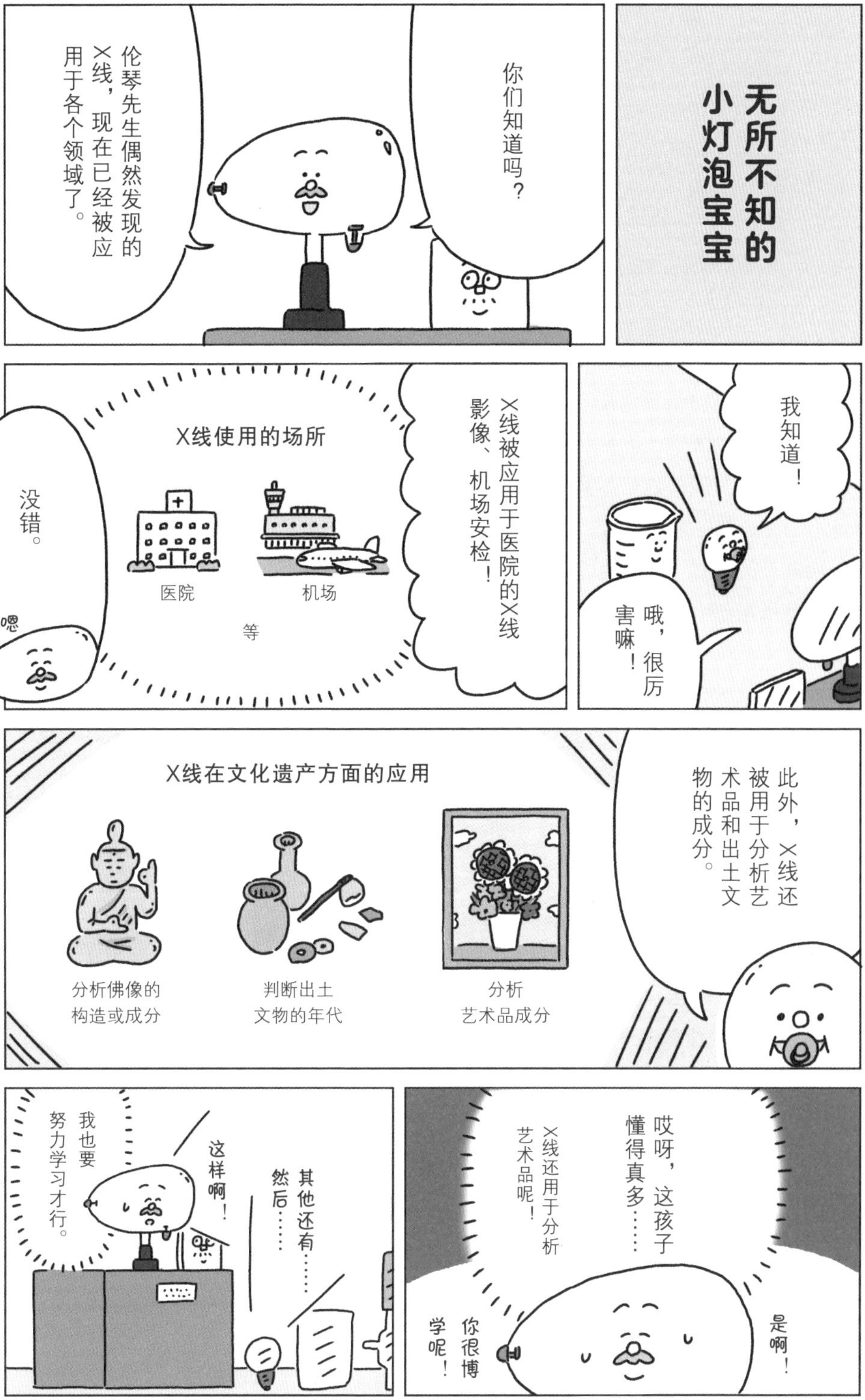
无所不知的小灯泡宝宝
你们知道吗？
伦琴先生偶然发现的X线，现在已经被应用于各个领域了。
我知道！
X线被应用于医院的X线影像、机场安检！
X线使用的场所
医院
机场
等
没错。
嗯
嗯
哦，很厉害嘛！
此外，X线还被用于分析艺术品和出土文物的成分。
X线在文化遗产方面的应用
分析佛像的构造或成分
判断出土文物的年代
分析艺术品成分
哎呀，这孩子懂得真多……
X线还用于分析艺术品呢！
是啊！
你很博学呢！
这样啊！
其他还有……
然后……
我也要努力学习才行。

我与前辈们的回忆
5

我曾经十分着迷奥托·格里克发明的真空泵。“加上‘真空’两个字，肯定不是普通的泵，普通的泵应该是……”我一边这么念叨着一边查阅资料，但并没有发现二者有什么实质的区别。其他的真空容器、真空阀、真空管等，也让人感觉非常特别，但是后来我知道了，这些器具名称里的“真空”是“不让空气漏出来”的意思，它们的基本构造也就是泵、容器、阀、管。

但即使是这样，我对真空的兴趣依然没有减少，我甚至想亲自做一次埃万杰利斯塔·托里拆利用水银做的实验（水银柱实验），亲眼看看出现的真空。但是很难买到大量水银，实际操作也比较困难，所以，我想了另一种实验方法。

原本，托里拆利做水银柱实验是为了解释“泵无法抽出10m以下的井水”这一众所周知的现象。托里拆利年轻时曾经师从伽利略，据说伽利略也注意到了这个现象。“如果用比重为13.5，也就是比水重13.5倍的水银，就可以用很小的装置来做这个实验了……”这就是托里拆利想法的核心。结果，成功地在玻璃管上方形成了真空，表示水银的重量和大气压达到了平衡。之后，根据这个原理发展出了测量气压的器具——气压计（所以从前的气压计也叫水银柱）。

也就是说，要做这个实验并非必须使用水银，只要有一根10m以上的管子，用水也可以做实验。所以，我找了一根结实的透明PVC管，把它放进水桶里装满了水，堵住管子的一端，拴上绳子，然后站在教学楼的阳台上往上拉。当高度刚刚超过10m时，我就看到管子顶端出现了我期待已久的托里拆利真空！不一会儿，压力变弱，空气溶进水里变成气泡，在10m长的管子里升起，那景象真是美极了，让我大受感动。那一瞬间我明白了，即便我知道会发生什么，但亲手去做、亲眼去见证，依然是一件十分有意义的事情。

CHAPTER 6
玻璃制的前辈们

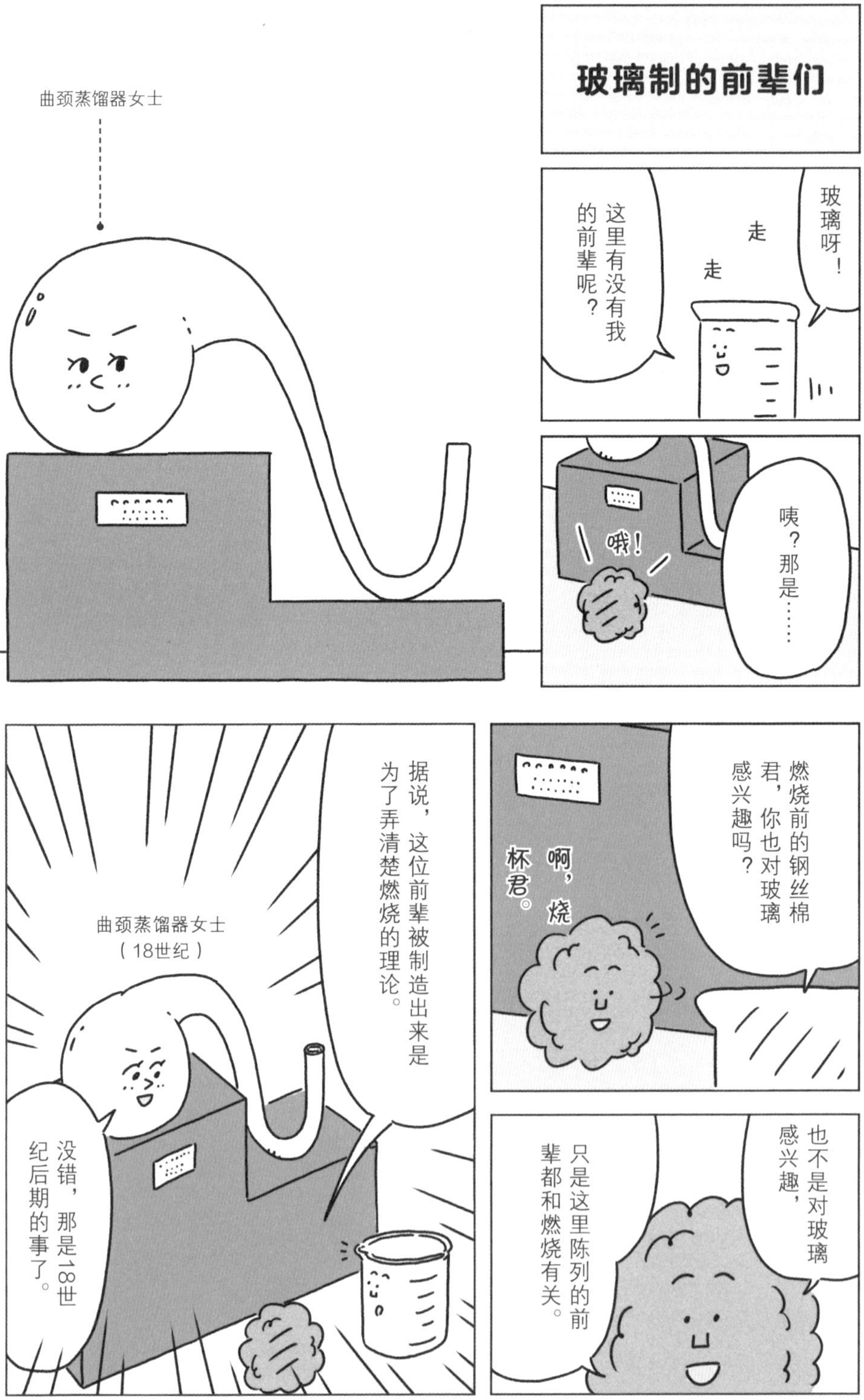
玻璃制的前辈们
玻璃呀！
走
走
这里有没有我的前辈呢？
咦？那是……
哦！
曲颈蒸馏器女士
啊，烧杯君。
燃烧前的钢丝棉君，你也对玻璃感兴趣吗？
也不是对玻璃感兴趣，
只是这里陈列的前辈都和燃烧有关。
据说，这位前辈被制造出来是为了弄清楚燃烧的理论。
曲颈蒸馏器女士
（18世纪）
没错，那是18世纪后期的事了。

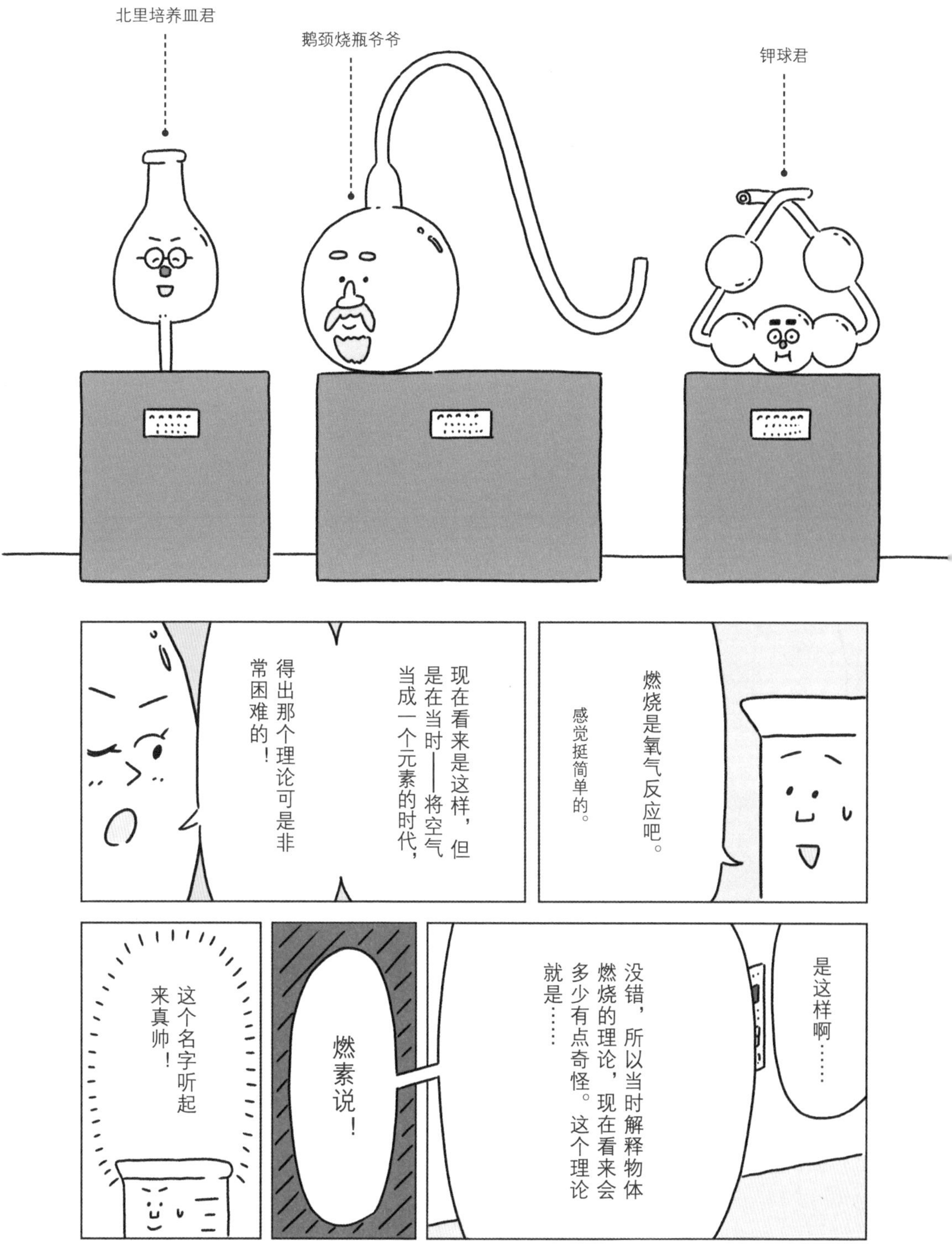
北里培养皿君
鹅颈烧瓶爷爷
钾球君
燃烧是氧气反应吧。
感觉挺简单的。
现在看来是这样，但是在当时——将空气当成一个元素的时代，得出那个理论可是非常困难的！
是这样啊……
没错，所以当时解释物体燃烧的理论，现在看来会多少有点奇怪。这个理论就是……
燃素说！
这个名字听起来真帅！

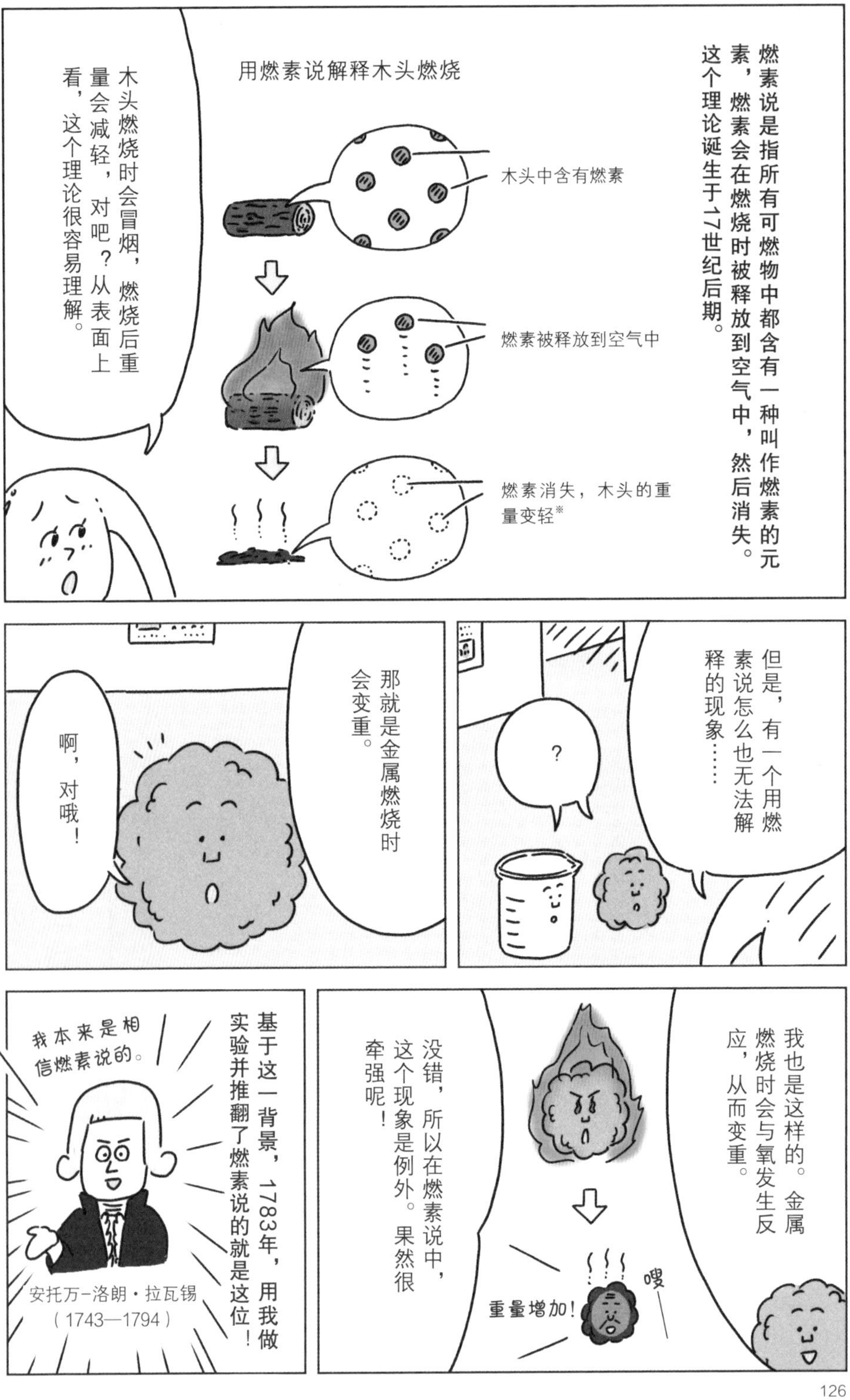
燃素说是指所有可燃物中都含有一种叫作燃素的元素，燃素会在燃烧时被释放到空气中，然后消失。这个理论诞生于17世纪后期。
用燃素说解释木头燃烧
木头中含有燃素
燃素被释放到空气中
燃素消失，木头的重量变轻※
木头燃烧时会冒烟，燃烧后重量会减轻，对吧？从表面上看，这个理论很容易理解。
但是，有一个用燃素说怎么也无法解释的现象……
？
那就是金属燃烧时会变重。
啊，对哦！
我也是这样的。金属燃烧时会与氧发生反应，从而变重。
重量增加！
嗖—
没错，所以在燃素说中，这个现象是例外。果然很牵强呢！
基于这一背景，1783年，用我做实验并推翻了燃素说的就是这位！
我本来是相信燃素说的。
安托万-洛朗·拉瓦锡
（1743—1794）

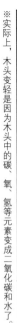

※实际上，木头变轻是因为木头中的碳、氧、氢等元素变成二氧化碳和水了。

拉瓦锡先生的过人之处在于，实验时会进行彻底的测量。
实验就是要测量！
虽然现在这样的事被认为是理所当然的，但是在当时，人们普遍觉得学说只要能解释现象就可以了，而拉瓦锡先生的行为是很少见的。

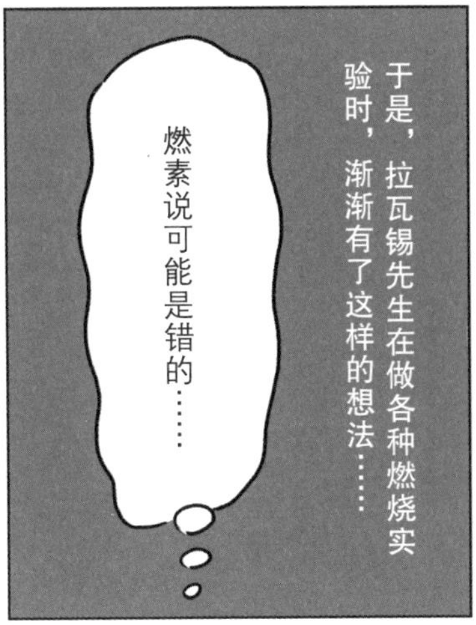
于是，拉瓦锡先生在做各种燃烧实验时，渐渐有了这样的想法……
燃素说可能是错的……

得出结论的就是——
我大展身手的这个实验！

拉瓦锡水银氧化实验

①把曲颈蒸馏器中的水银加热12天。
↓
②燃烧导致曲颈瓶瓶口处罩着的钟形玻璃容器内的空气减少。
↓
③测量减少的空气量。

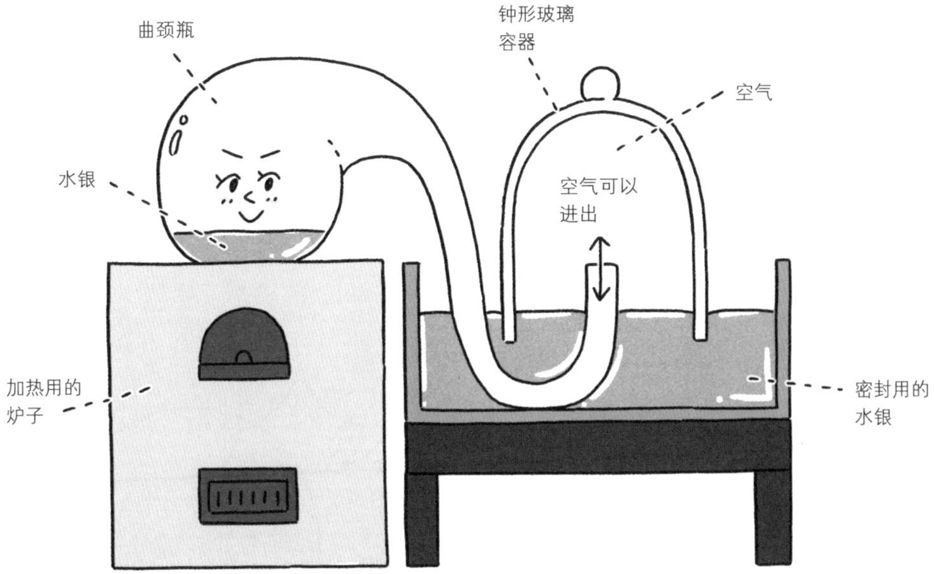
曲颈瓶
钟形玻璃容器
空气
水银
空气可以进出
加热用的炉子
密封用的水银

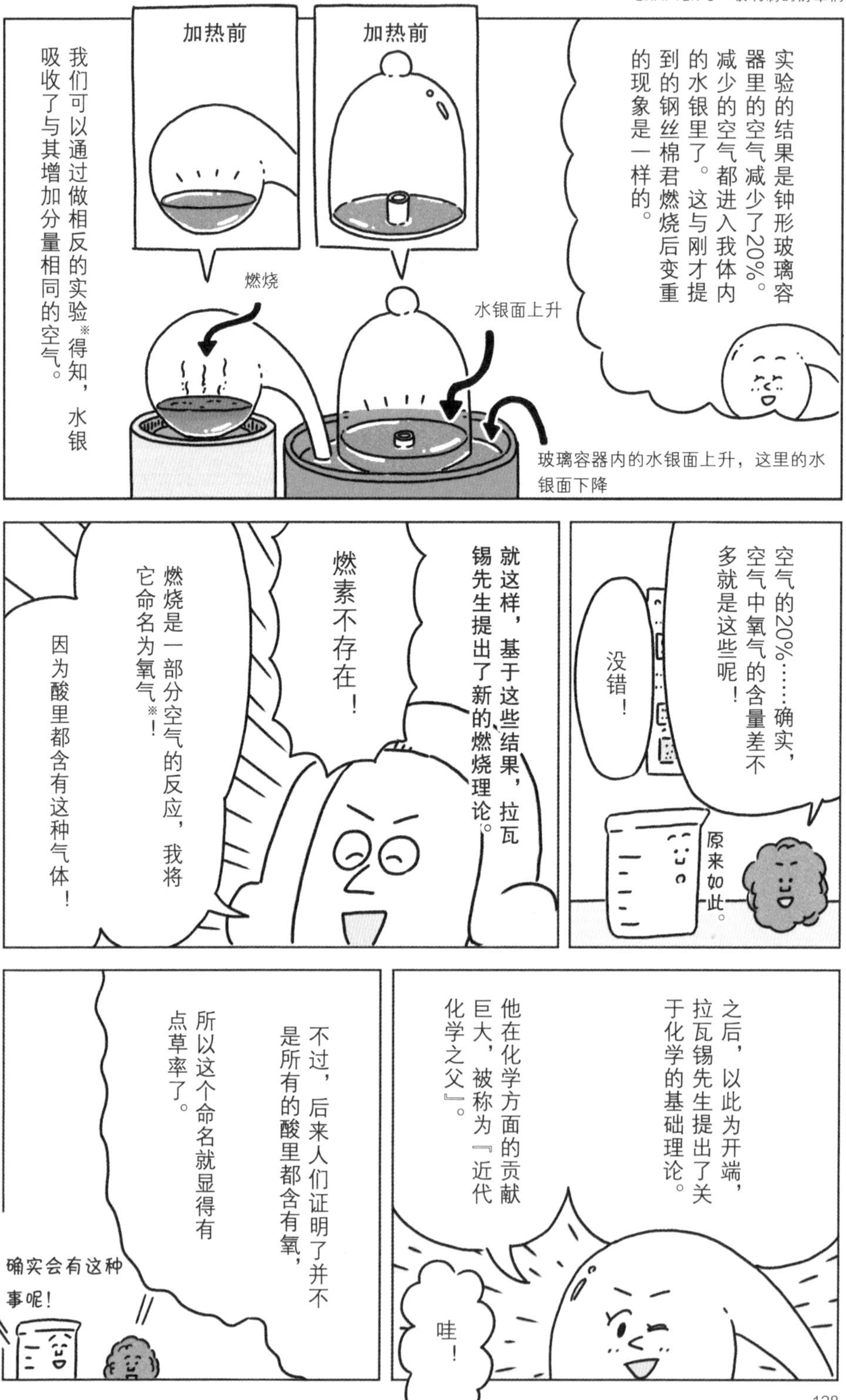

实验的结果是钟形玻璃容器里的空气减少了20%。减少的空气都进入我体内的水银里了。这与刚才提到的钢丝棉君燃烧后变重的现象是一样的。
加热前
加热前
水银面上升
燃烧
玻璃容器内的水银面上升，这里的水银面下降
我们可以通过做相反的实验※得知，水银吸收了与其增加分量相同的空气。
空气的20%……确实，空气中氧气的含量差不多就是这些呢！
没错！
原来如此。
就这样，基于这些结果，拉瓦锡先生提出了新的燃烧理论。
燃素不存在！
燃烧是一部分空气的反应，我将它命名为氧气※！
因为酸里都含有这种气体！
之后，以此为开端，拉瓦锡先生提出了关于化学的基础理论。
他在化学方面的贡献巨大，被称为『近代化学之父』。
哇！
不过，后来人们证明了并不是所有的酸里都含有氧，
所以这个命名就显得有点草率了。
确实会有这种事呢！

※用高温加热燃烧后的水银（氧化汞），使其变回原来的水银的实验。

※氧气（Oxygen）在希腊文中的意思是『酸素』。

曲颈蒸馏器

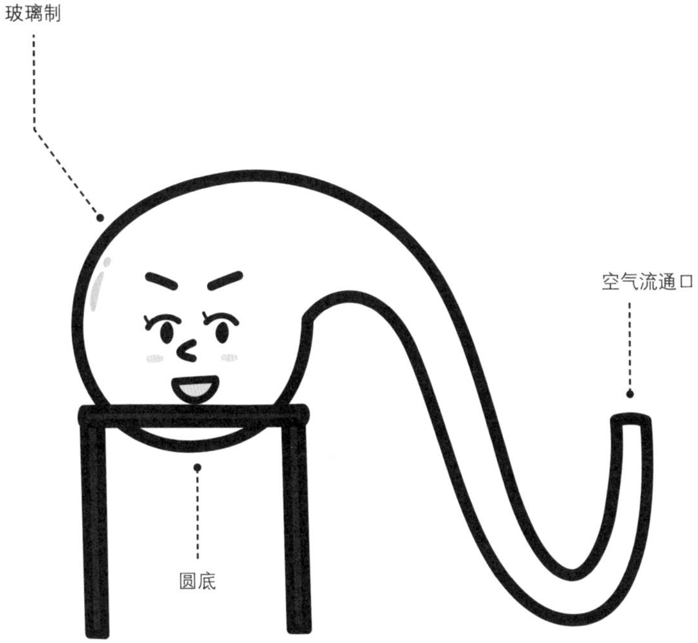
玻璃制
空气流通口
圆底

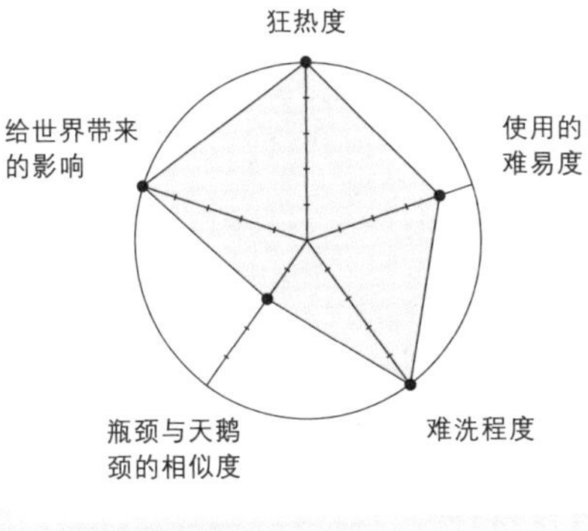
狂热度
使用的
难易度
难洗程度
瓶颈与天鹅
颈的相似度
给世界带来
的影响

正式名称 曲颈蒸馏器
拿手技能 推翻了燃素说
制造年代 18世纪

小知识

非曲颈的普通蒸馏器历史久远，从炼金术时代开始就被作为蒸馏道具使用。

钾球君
拉瓦锡先生真的很厉害。
瞄一眼
不过，发明隔壁这位的人也很伟大！
你好，我是钾球！
我的制作者是德国化学家李比希先生。
尤斯图斯·冯·李比希
（1803—1873）
钾球君（19世纪30年代）
哇，你的形状好独特呀！
哈哈哈，是吧！
这种形状很适合进行有机分析。
有机分析？
有机分析就是分析有机化合物※中含有的元素。
有机化合物
纸
甲烷
oil
砂糖
油
等
具体就是从这些化合物中得出碳、氢、氧的含量。
李比希先生通过有机分析，开辟了有机化学这一分支，
被称为『有机化学之父』！
出现了，什么什么之父！
担当李比希先生有机分析装置主角的……
就是我！

※有机化合物：主要由碳元素组成的化合物。

李比希有机分析装置（用于分析碳、氢、氧）

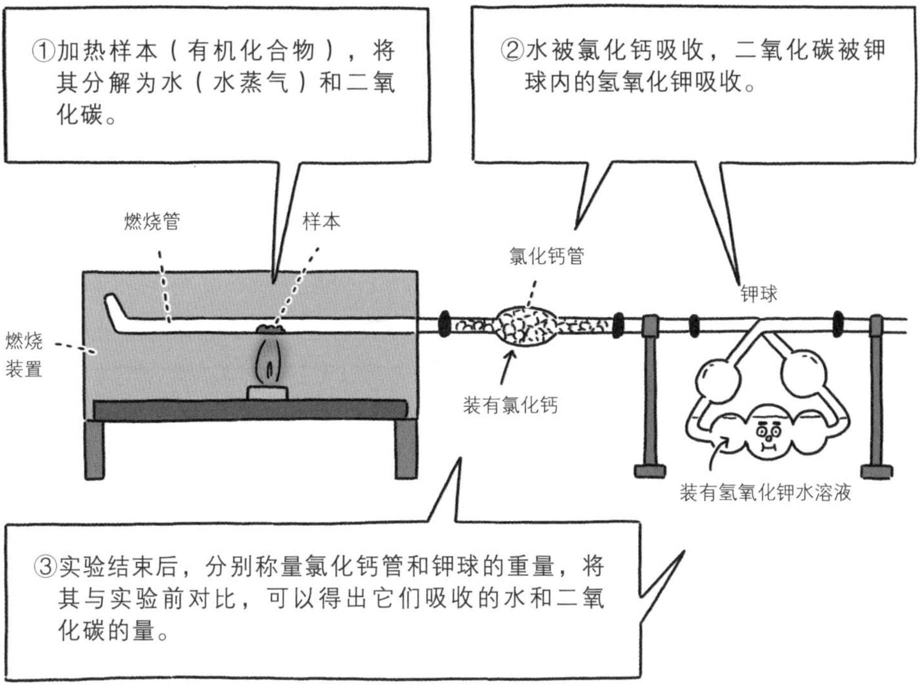
①加热样本（有机化合物），将其分解为水（水蒸气）和二氧化碳。
②水被氯化钙吸收，二氧化碳被钾球内的氢氧化钾吸收。
燃烧管
样本
氯化钙管
钾球
燃烧装置
装有氯化钙
装有氢氧化钾水溶液
③实验结束后，分别称量氯化钙管和钾球的重量，将其与实验前对比，可以得出它们吸收的水和二氧化碳的量。

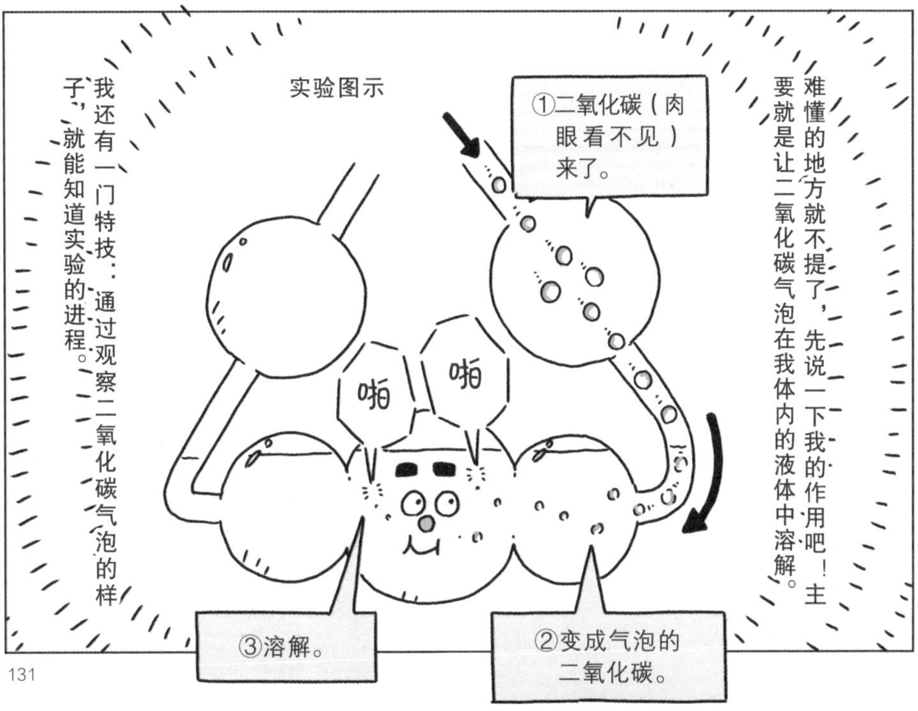
难懂的地方就不提了，先说一下我的作用吧！主要就是让二氧化碳气泡在我体内的液体中溶解。
实验图示
①二氧化碳（肉眼看不见）来了。
啪
啪
②变成气泡的二氧化碳。
③溶解。
我还有一门特技：通过观察二氧化碳气泡的样子，就能知道实验的进程。

同理，氯化钙也是这样吸收水分的。
吸收二氧化碳！
钾球
吸收水分！
氯化钙管
最终得出样本中氢、碳的含量。
所以，只要实验后进行测量和计算，就能得出原来样本中碳、氢、氧的量。※
除了碳和氢，其他的元素呢？
比如氮……
对了，李比希先生在教育方面也很优秀！
他的门生还获得了诺贝尔奖呢！
哇！
因为氮不溶于氢氧化钾溶液，它的气泡就直接通过了……也就是分析不出来。
不过，当时精密分析才刚刚开始，能分析出碳、氢、氧就已经足够了。
啊，氮气
通过
所以，我认为李比希先生不是『有机化学之父』，应该是『近代化学之父』……
喂！你对拉瓦锡先生有意见吗？
啊，不是的。

※原来的样本重量减去碳、氢的量，就可以得出氧的量。

钾球

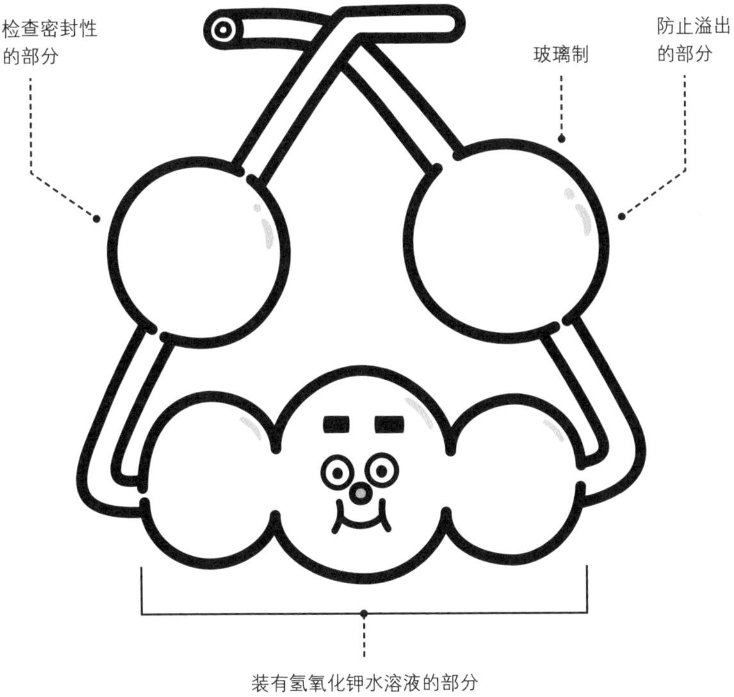
检查密封性
的部分
玻璃制
防止溢出
的部分
装有氢氧化钾水溶液的部分

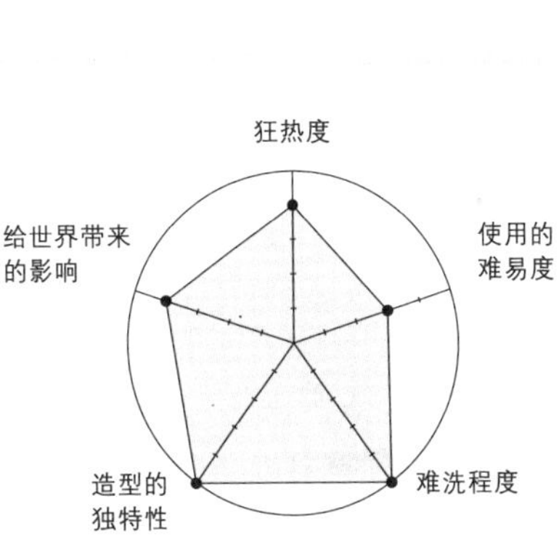
狂热度
使用的
难易度
难洗程度
造型的
独特性
给世界带来
的影响

正式名称	钾球
拿手技能	装有氢氧化钾水溶液
制造年代	19世纪30年代

小知识

美国化学会（化学领域的专业组织）的标志上就带有钾球图案。

这个

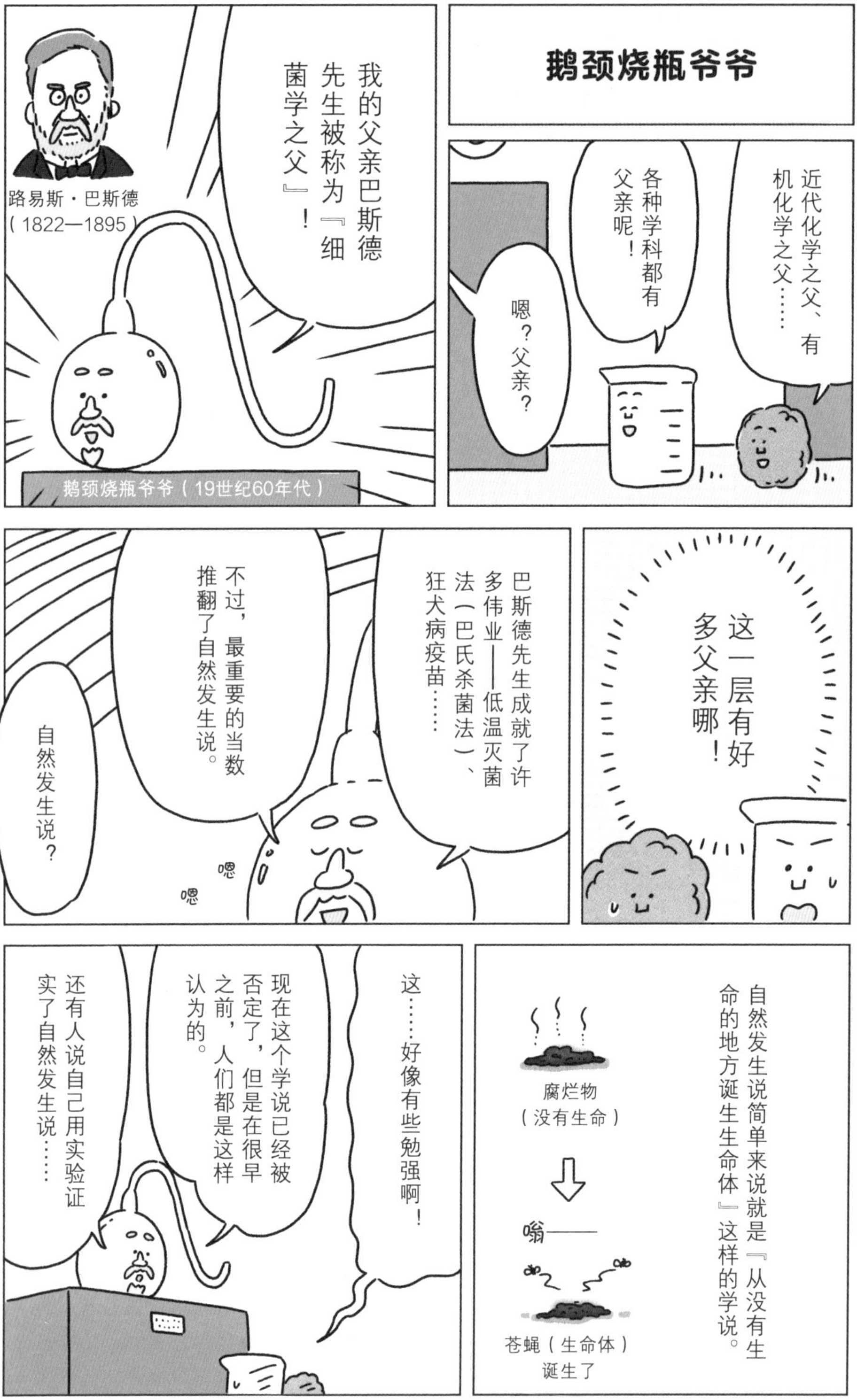
鹅颈烧瓶爷爷
近代化学之父、有机化学之父……
各种学科都有父亲呢！
嗯？父亲？
路易斯·巴斯德（1822—1895）
我的父亲巴斯德先生被称为『细菌学之父』！
鹅颈烧瓶爷爷（19世纪60年代）
巴斯德先生成就了许多伟业——低温灭菌法（巴氏杀菌法）、狂犬病疫苗……
不过，最重要的当数推翻了自然发生说。
嗯
嗯
自然发生说？
这一层有好多父亲哪！
这……好像有些勉强啊！
现在这个学说已经被否定了，但是在很早之前，人们都是这样认为的。
还有人说自己用实验证实了自然发生说……
自然发生说简单来说就是『从没有生命的地方诞生生命体』这样的学说。
腐烂物（没有生命）
嗡——
苍蝇（生命体）诞生了

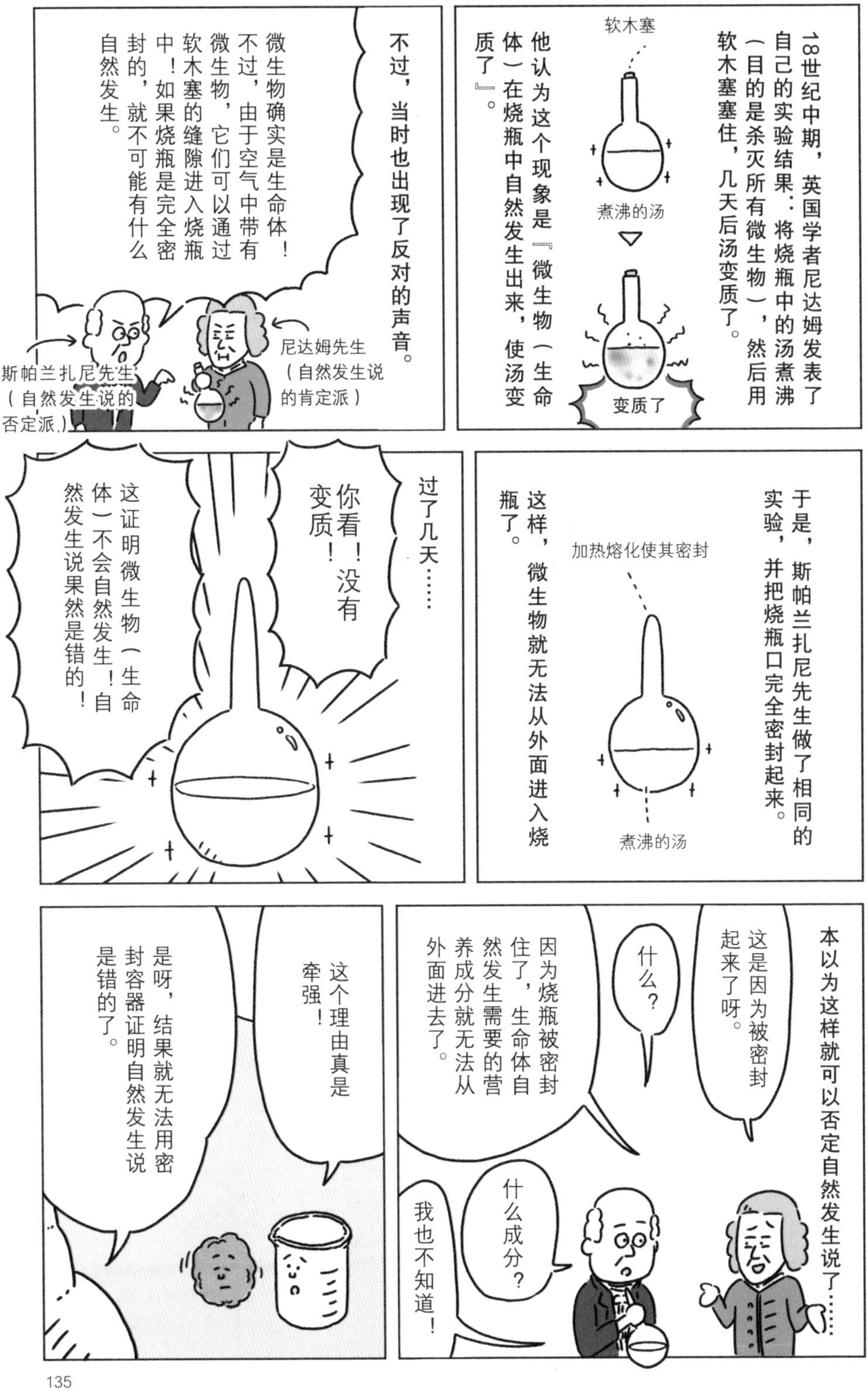
18世纪中期，英国学者尼达姆发表了自己的实验结果：将烧瓶中的汤煮沸（目的是杀灭所有微生物），然后用软木塞塞住，几天后汤变质了。
软木塞
煮沸的汤
变质了
他认为这个现象是『微生物（生命体）在烧瓶中自然发生出来，使汤变质了』。
不过，当时也出现了反对的声音。
微生物确实是生命体！不过，由于空气中带有微生物，它们可以通过软木塞的缝隙进入烧瓶中！如果烧瓶是完全密封的，就不可能有什么自然发生。
尼达姆先生（自然发生说的肯定派）
斯帕兰扎尼先生（自然发生说的否定派）
于是，斯帕兰扎尼先生做了相同的实验，并把烧瓶口完全密封起来。
加热熔化使其密封
煮沸的汤
这样，微生物就无法从外面进入烧瓶了。
过了几天……
你看！没有变质！
这证明微生物（生命体）不会自然发生！自然发生说果然是错的！
本以为这样就可以否定自然发生说了……
这是因为被密封起来了呀。
什么？
因为烧瓶被密封住了，生命体自然发生需要的营养成分就无法从外面进去了。
什么成分？
我也不知道！
这个理由真是牵强！
是呀，结果就无法用密封容器证明自然发生说是错的了。

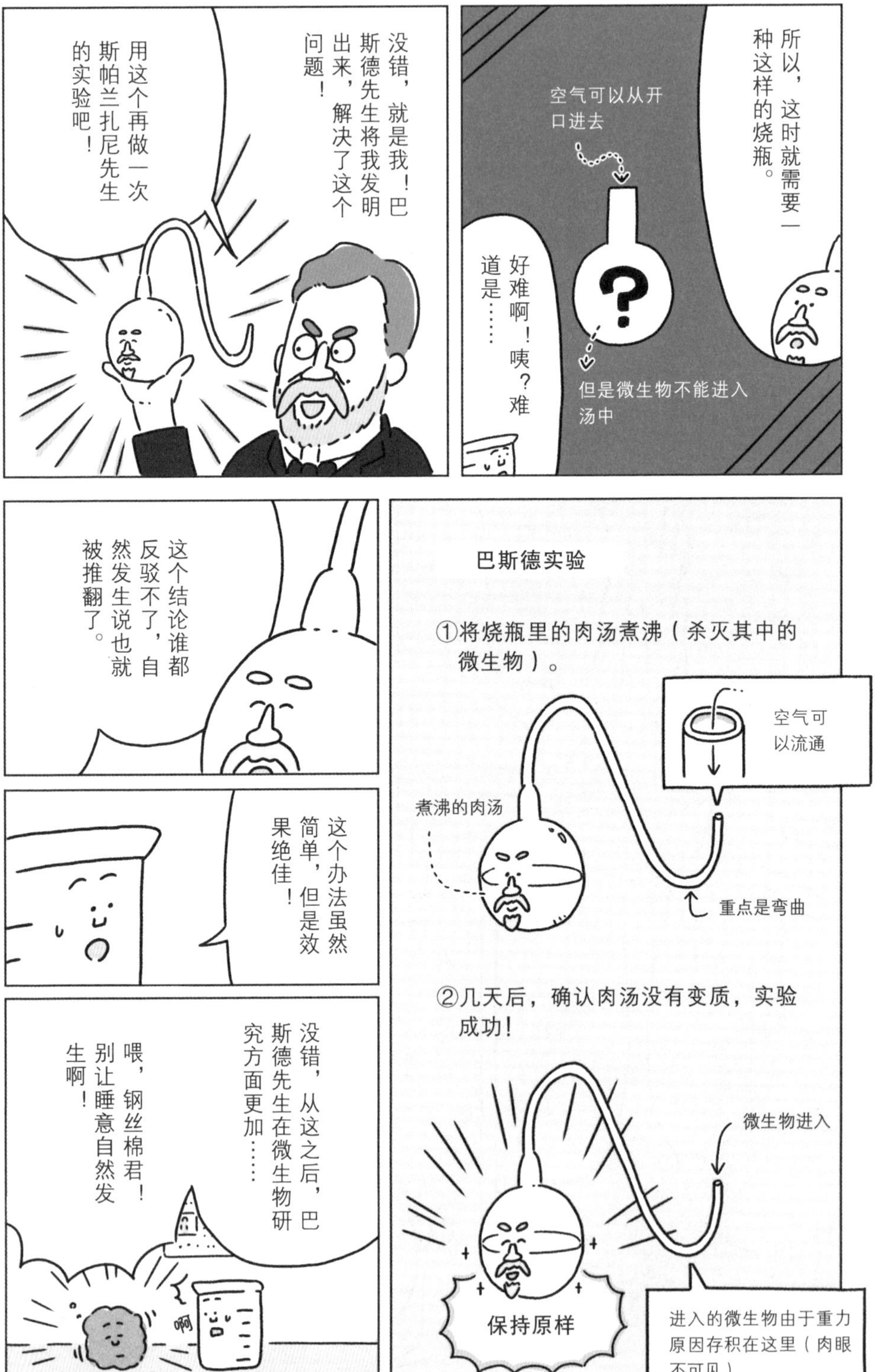
没错，就是我！巴斯德先生将我发明出来，解决了这个问题！
用这个再做一次斯帕兰扎尼先生的实验吧！
所以，这时就需要一种这样的烧瓶。
空气可以从开口进去
?
但是微生物不能进入汤中
好难啊！咦？难道是……
这个结论谁都反驳不了，自然发生说也就被推翻了。
这个办法虽然简单，但是效果绝佳！
没错，从这之后，巴斯德先生在微生物研究方面更加……
喂，钢丝棉君！别让睡意自然发生啊！
啊
巴斯德实验
①将烧瓶里的肉汤煮沸（杀灭其中的微生物）。
空气可以流通
煮沸的肉汤
重点是弯曲
②几天后，确认肉汤没有变质，实验成功！
微生物进入
保持原样
进入的微生物由于重力原因存积在这里（肉眼不可见）

鹅颈烧瓶

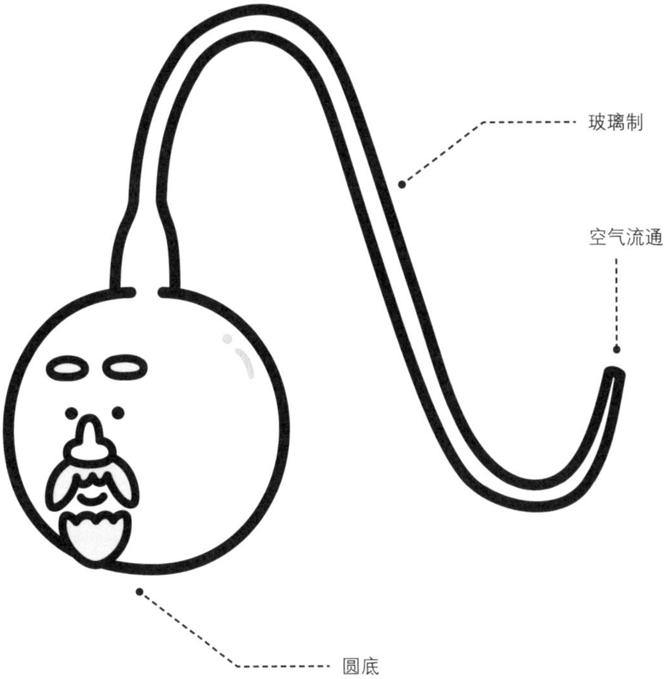
玻璃制
空气流通
圆底

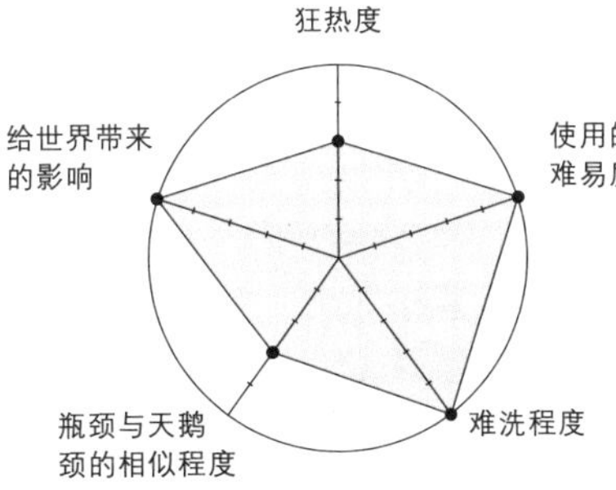
狂热度
使用的
难易度
难洗程度
瓶颈与天鹅
颈的相似程度
给世界带来
的影响

正式名称 鹅颈烧瓶
拿手技能 否定自然发生说
制造年代 19世纪60年代

小知识

巴斯德先生发明的“低温灭菌法”※也被称为“巴氏消毒法”。

※低温灭菌法：防止食品变质的方法。

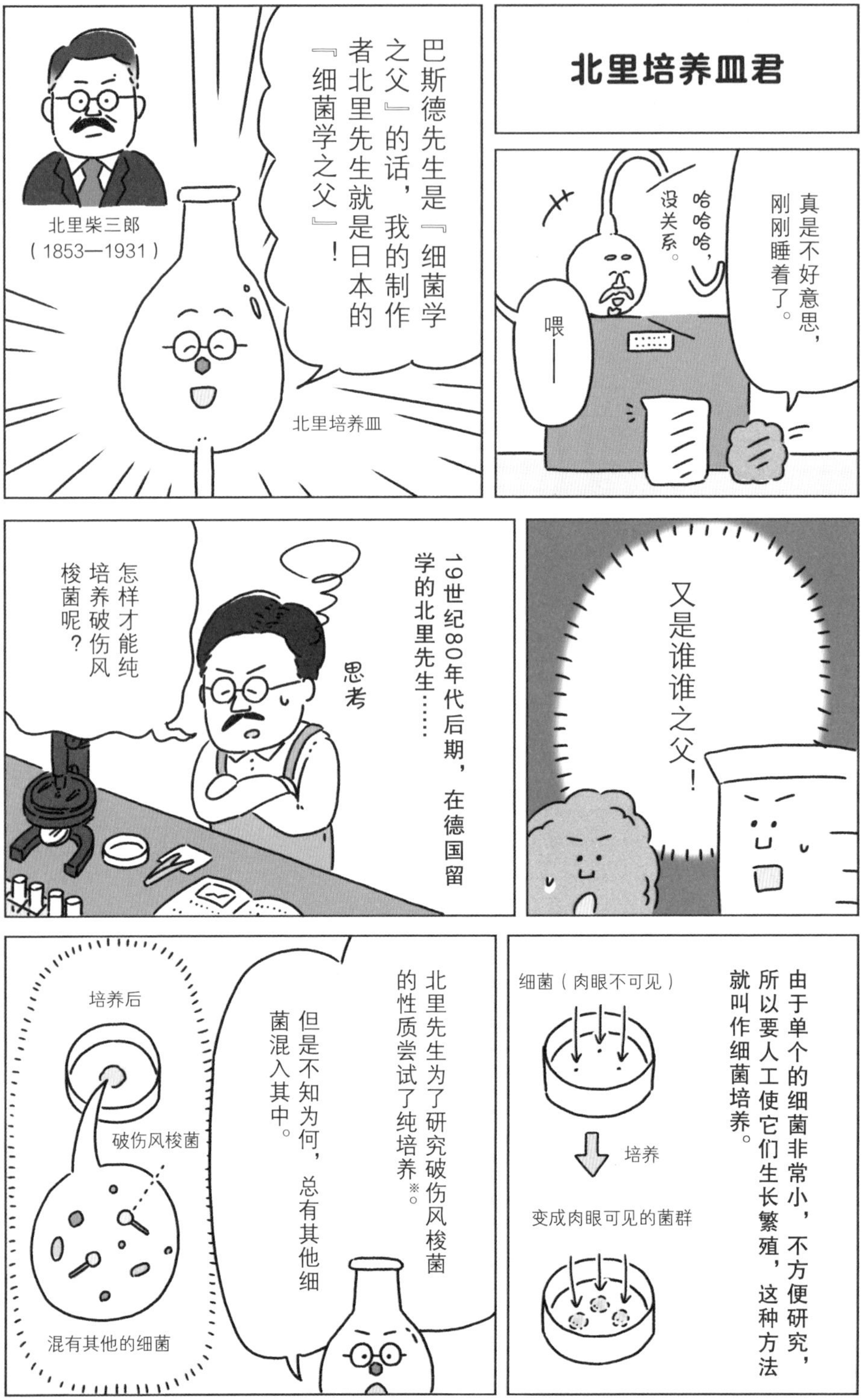

北里培养皿君
喂——
真是不好意思，刚刚睡着了。
哈哈哈，没关系。
巴斯德先生是『细菌学之父』的话，我的制作者北里先生就是日本的『细菌学之父』！
北里柴三郎
（1853—1931）
北里培养皿
又是谁谁之父！
19世纪80年代后期，在德国留学的北里先生……
思考
怎样才能纯培养破伤风梭菌呢？
由于单个的细菌非常小，不方便研究，所以要人工使它们生长繁殖，这种方法就叫作细菌培养。
细菌（肉眼不可见）
培养
变成肉眼可见的菌群
北里先生为了研究破伤风梭菌的性质尝试了纯培养※。
但是不知为何，总有其他细菌混入其中。
培养后
破伤风梭菌
混有其他的细菌

※纯培养：只选择一种细菌使其繁殖。

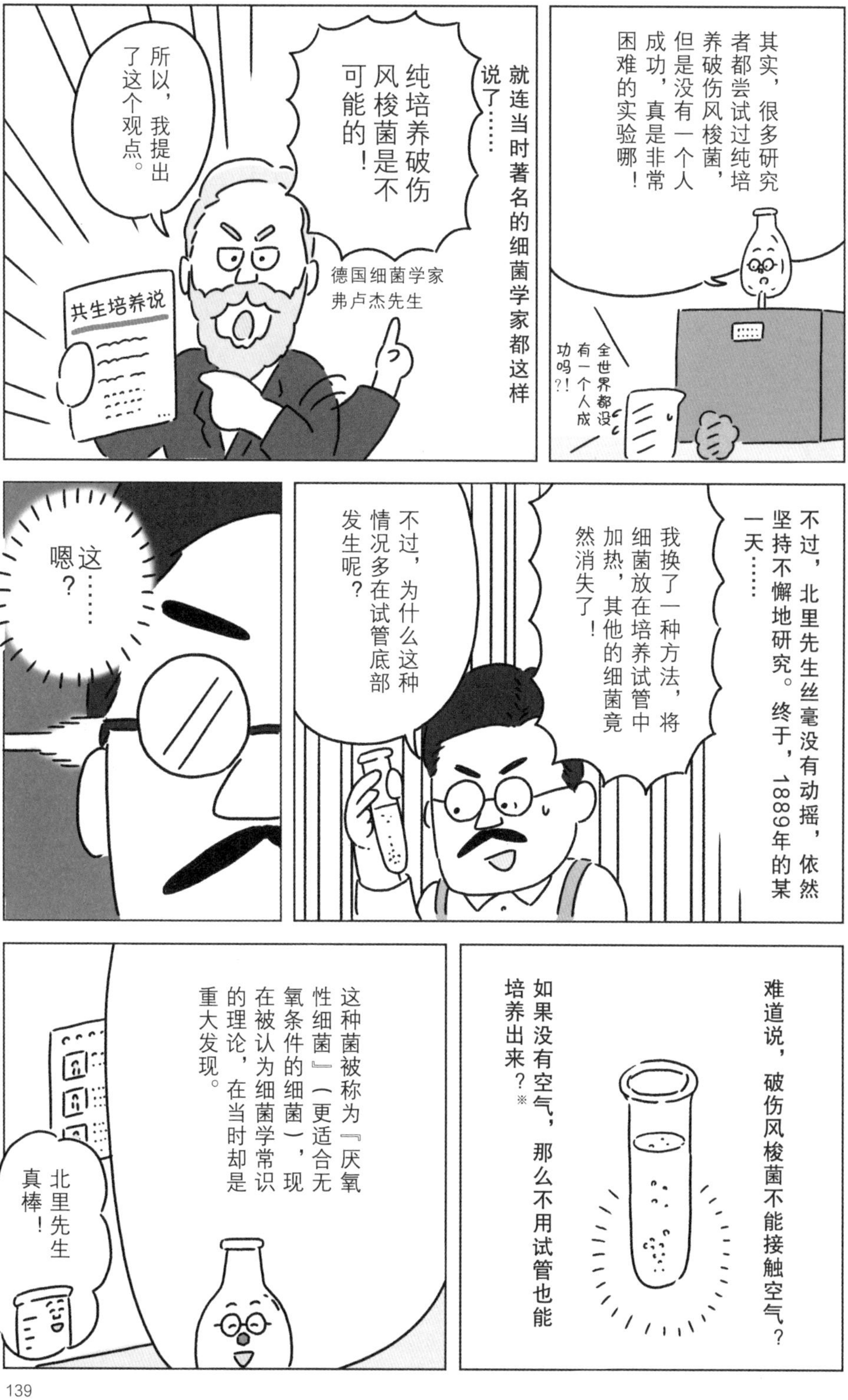
其实，很多研究者都尝试过纯培养破伤风梭菌，但是没有一个人成功，真是非常困难的实验哪！
全世界都没有一个人成功吗?!
就连当时著名的细菌学家都这样说了……
纯培养破伤风梭菌是不可能的！
德国细菌学家
弗卢杰先生
所以，我提出了这个观点。
共生培养说
不过，北里先生丝毫没有动摇，依然坚持不懈地研究。终于，1889年的某一天……
我换了一种方法，将细菌放在培养试管中加热，其他的细菌竟然消失了！
不过，为什么这种情况多在试管底部发生呢？
这……嗯？
难道说，破伤风梭菌不能接触空气？
如果没有空气，那么不用试管也能培养出来？※
这种菌被称为『厌氧性细菌』（更适合无氧条件的细菌），现在被认为细菌学常识的理论，在当时却是重大发现。
北里先生真棒！

※想用更普遍的方法培养（平面培养）。

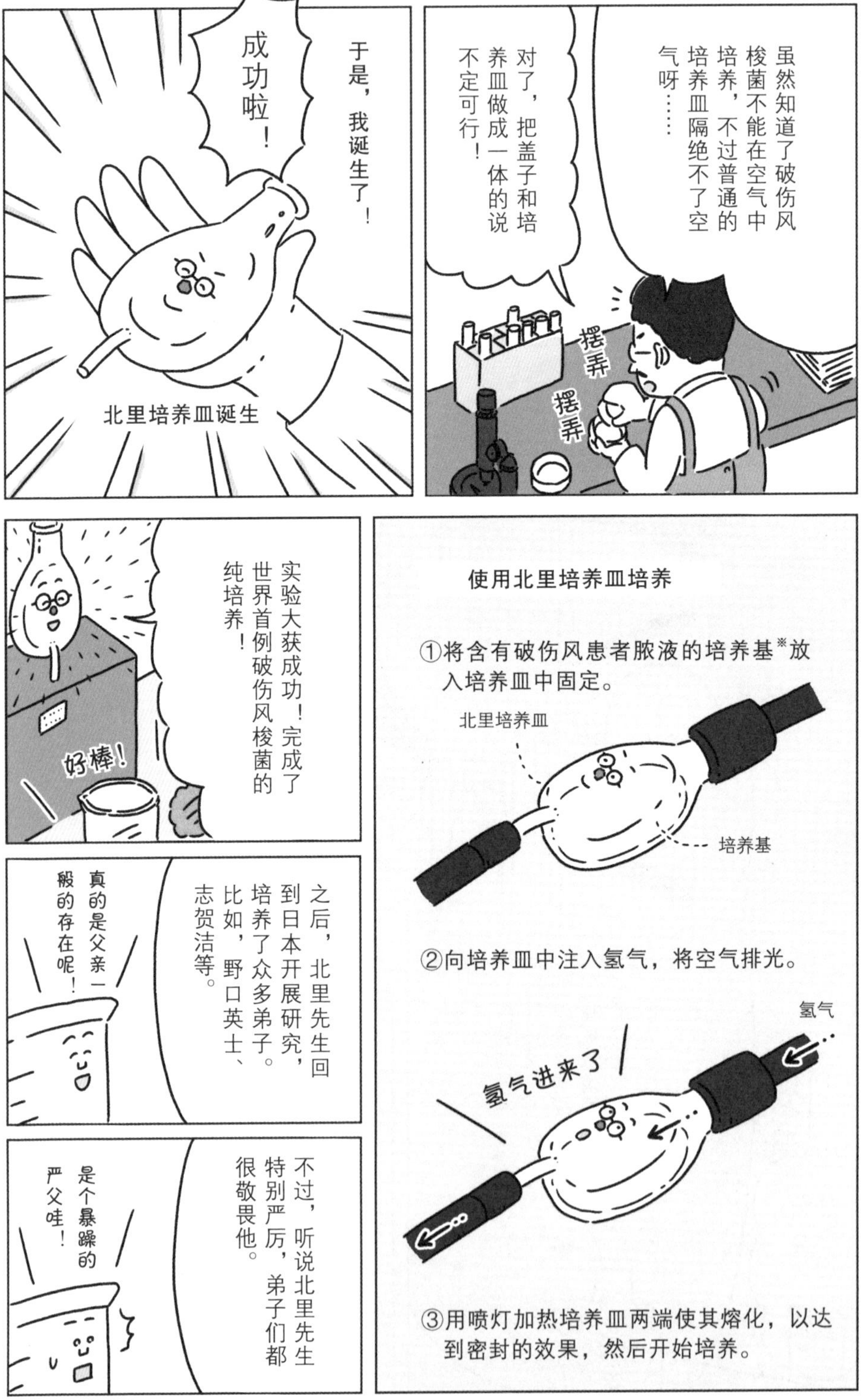
虽然知道了破伤风梭菌不能在空气中培养，不过普通的培养皿隔绝不了空气呀……
对了，把盖子和培养皿做成一体的说不定可行！
摆弄
摆弄
于是，我诞生了！
成功啦！
北里培养皿诞生
使用北里培养皿培养
①将含有破伤风患者脓液的培养基※放入培养皿中固定。
北里培养皿
培养基
②向培养皿中注入氢气，将空气排光。
氢气
氢气进来了
③用喷灯加热培养皿两端使其熔化，以达到密封的效果，然后开始培养。
实验大获成功！完成了世界首例破伤风梭菌的纯培养！
好棒！
之后，北里先生回到日本开展研究，培养了众多弟子。比如，野口英士、志贺洁等。
真的是父亲一般的存在呢！
不过，听说北里先生特别严厉，弟子们都很敬畏他。
是个暴躁的严父哇！

※培养基：含有细菌繁殖必需成分的营养基质。

北里培养皿

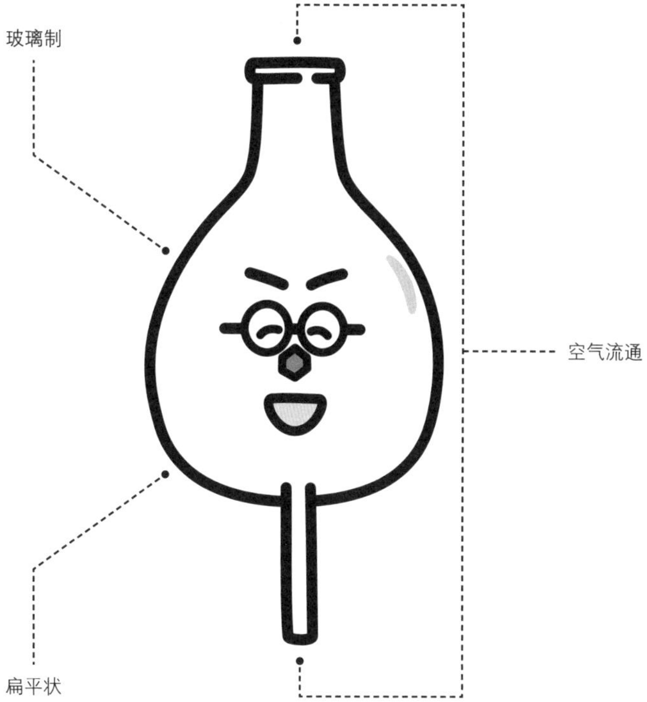
玻璃制
空气流通
扁平状

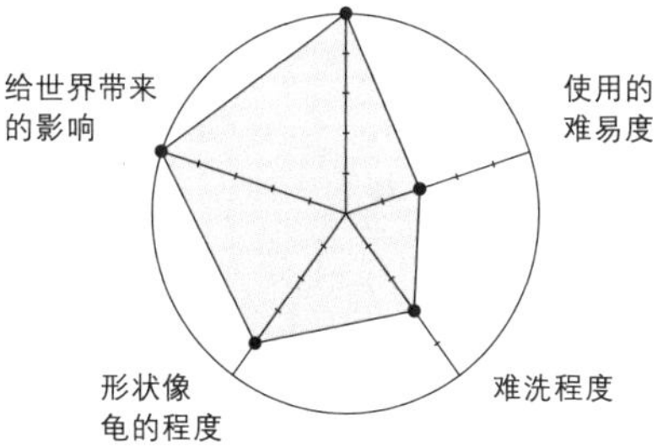
狂热度
使用的
难易度
难洗程度
形状像
龟的程度
给世界带来
的影响

正式名称 北里培养皿
拿手技能 培养厌氧菌
制造年代 19世纪后半叶

小知识

发明者北里先生的细菌研究成果受到了很高的评价，因此获得第一届诺贝尔奖的提名。

特别附录

前辈图鉴

看看前辈们的真实样子吧

本书中出现的前辈们都是曾经应用于实验的仪器。很多前辈留有画像，也有的前辈留下了实物或者复制品，在这里，作者们将尽可能地用照片介绍它们的外观。去博物馆的时候，建议大家试着找一找前辈们，亲眼看看它们的样子。

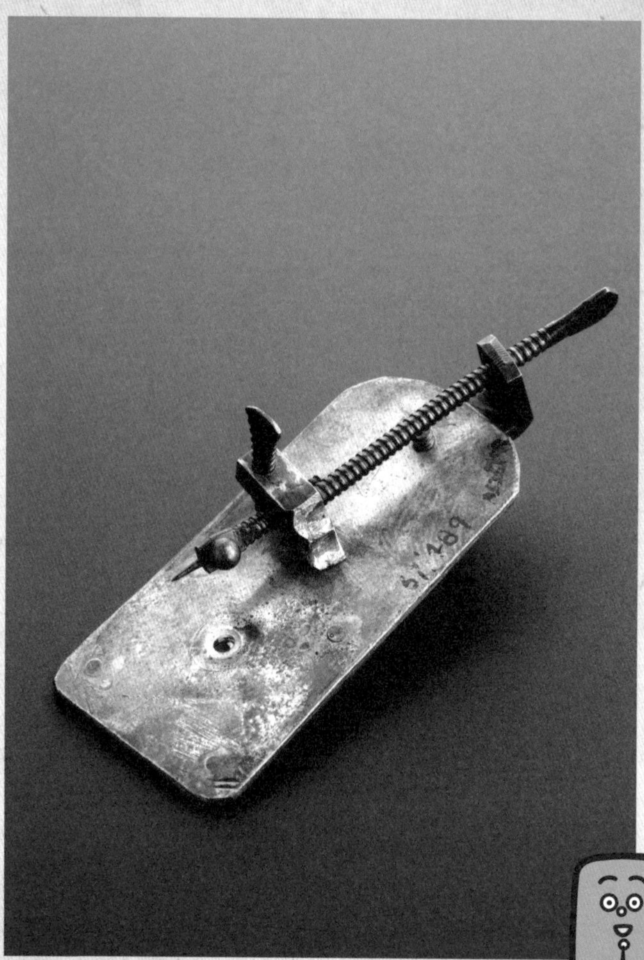

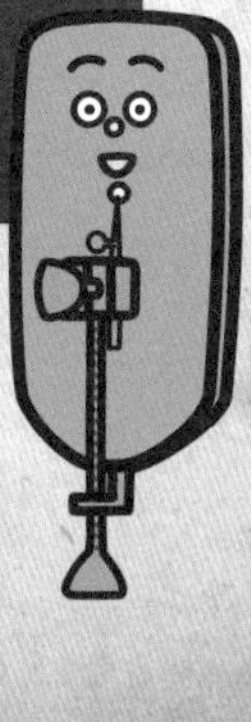

列文虎克显微镜

（照片提供：高品图像）

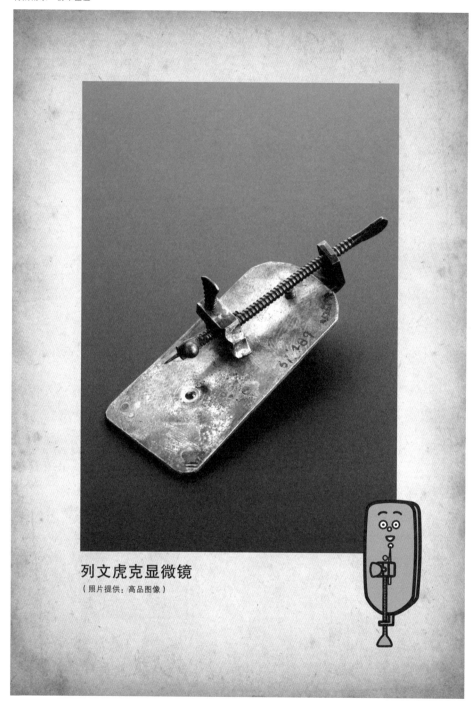

罗伯特·胡克显微镜

（照片提供：高品图像）

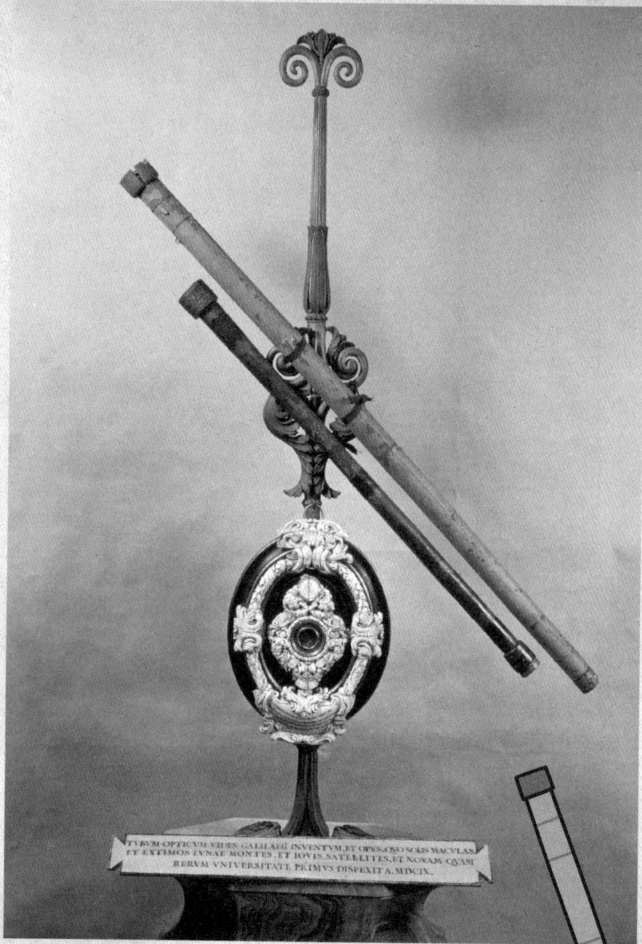
TVBVM OPTICVM VIDES GALILAEI INVENTVM ET OPVS, QVO SOLIS MACVLAS
ET EXTIMOS LVNAE MONTES, ET IOVIS SATELLITES, ET NOVAM QVASI
RERVM VNIVERSITATE PRIMVS DISPEXIT A. MDCIX.

伽利略望远镜

（照片提供：高品图像）

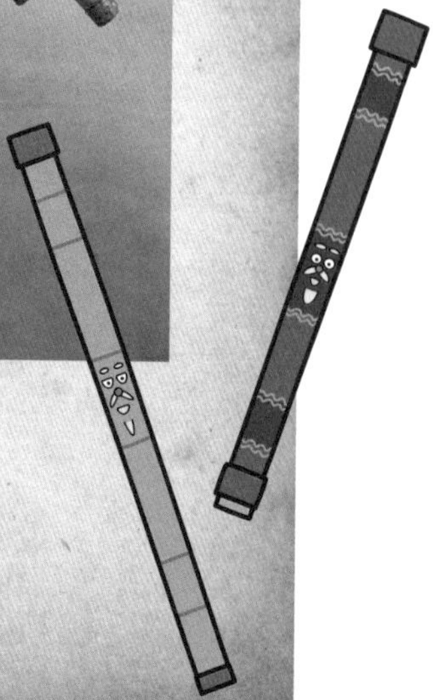

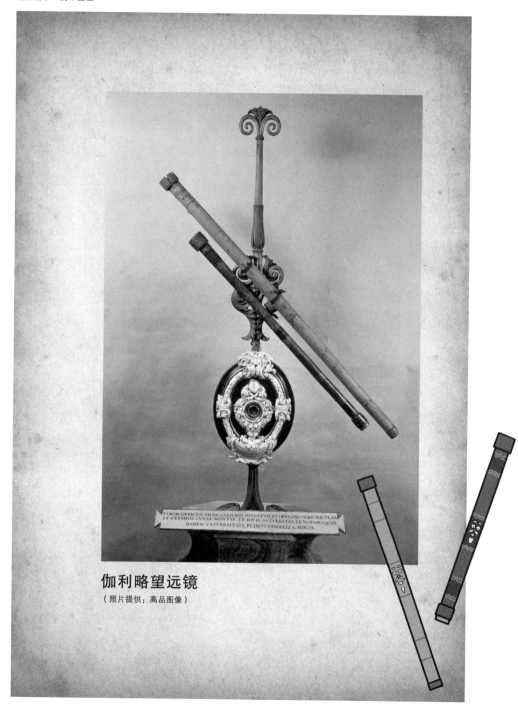

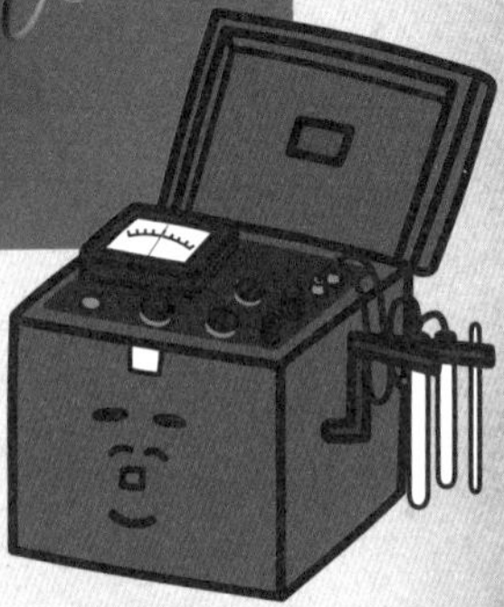

日本首台国产pH计

（照片提供：日本堀场制作所股份有限公司）

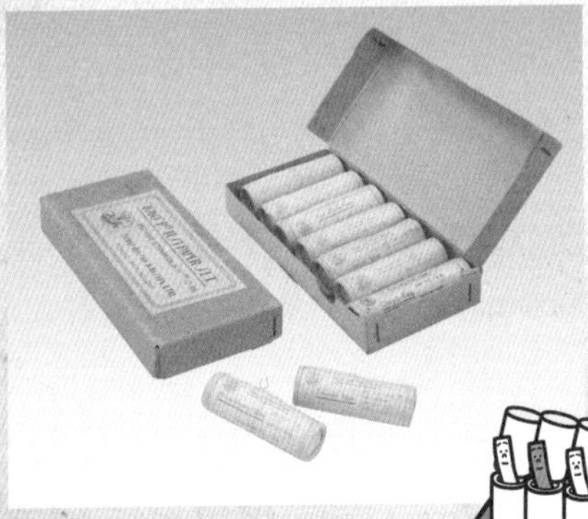

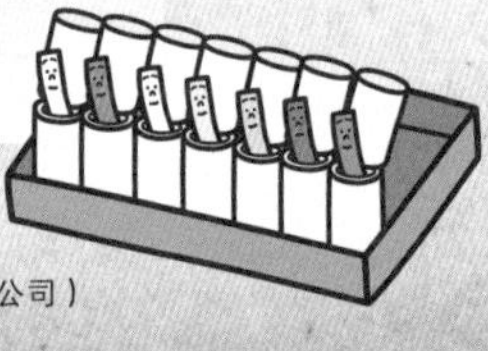

世界最早的pH试纸

（照片提供：日本ADVANTEC东洋股份有限公司）

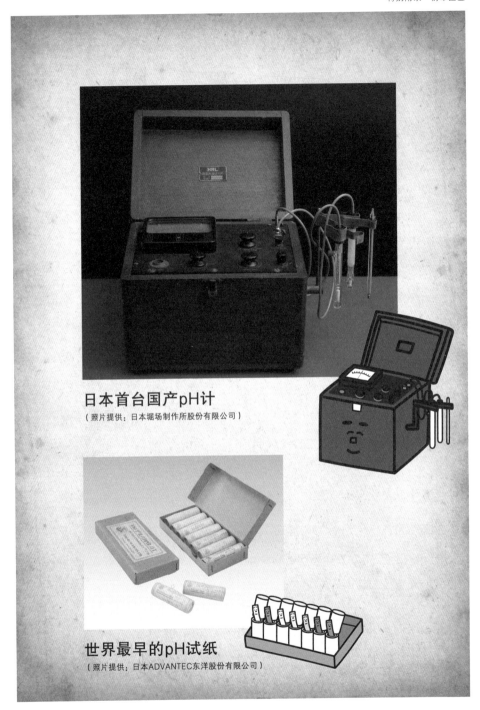

日本国千克原器

（照片提供：日本国立研究开发法人产业技术综合研究所）

千克原器的运输容器

（照片提供：日本国立研究开发法人产业技术综合研究所）

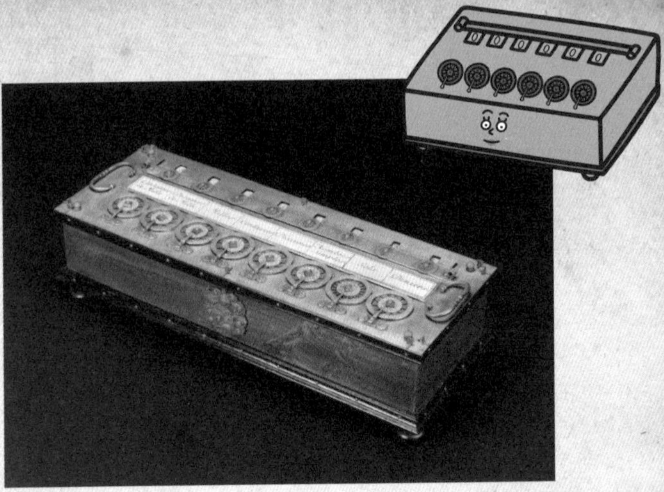

滚轮式加法器

（照片提供：日本国立科学博物馆）

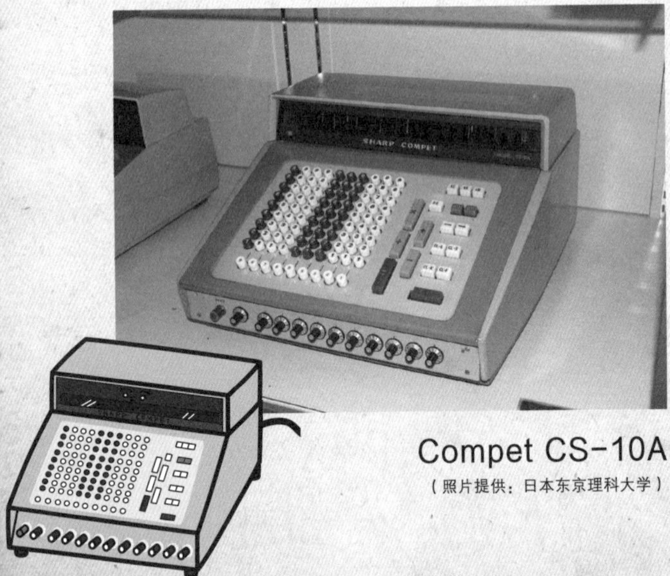

Compet CS-10A

（照片提供：日本东京理科大学）

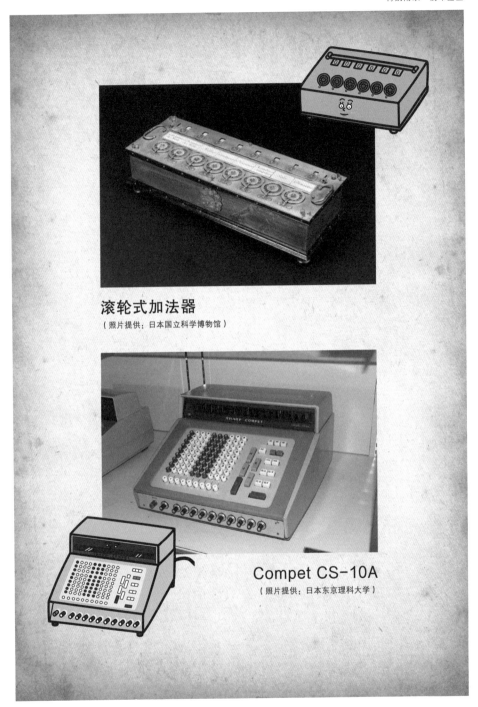

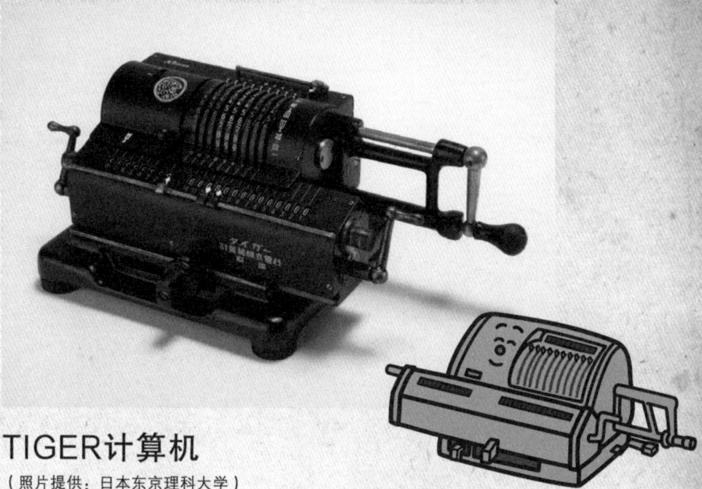

TIGER计算机

（照片提供：日本东京理科大学）

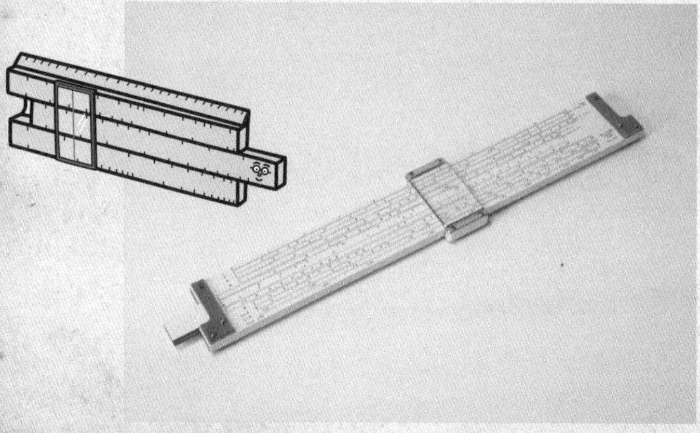

HEMMI计算尺

（照片提供：日本东京理科大学）

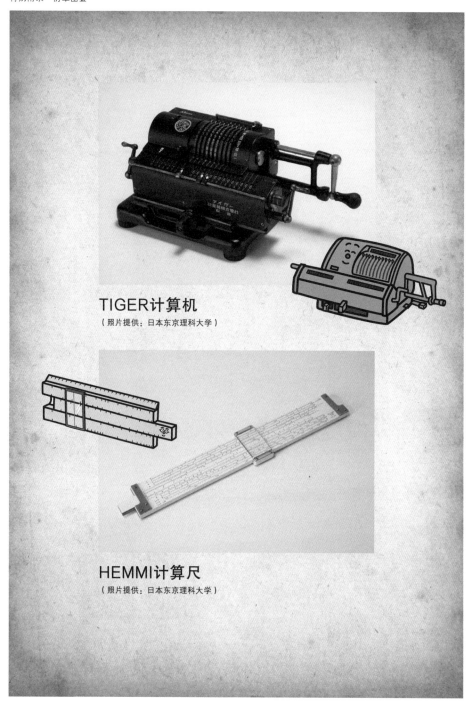

屋井干电池

（照片提供：日本东京理科大学）

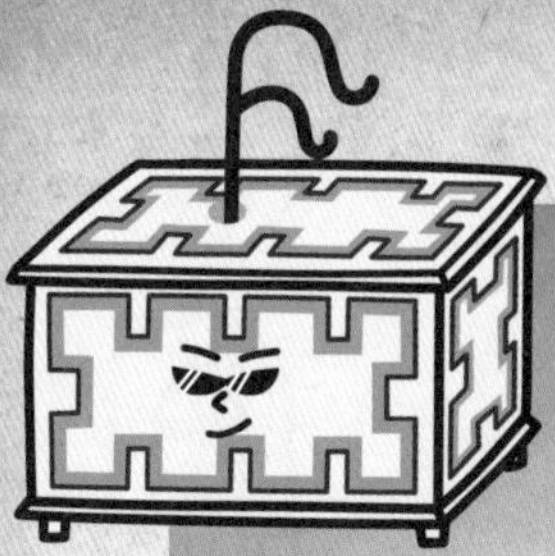

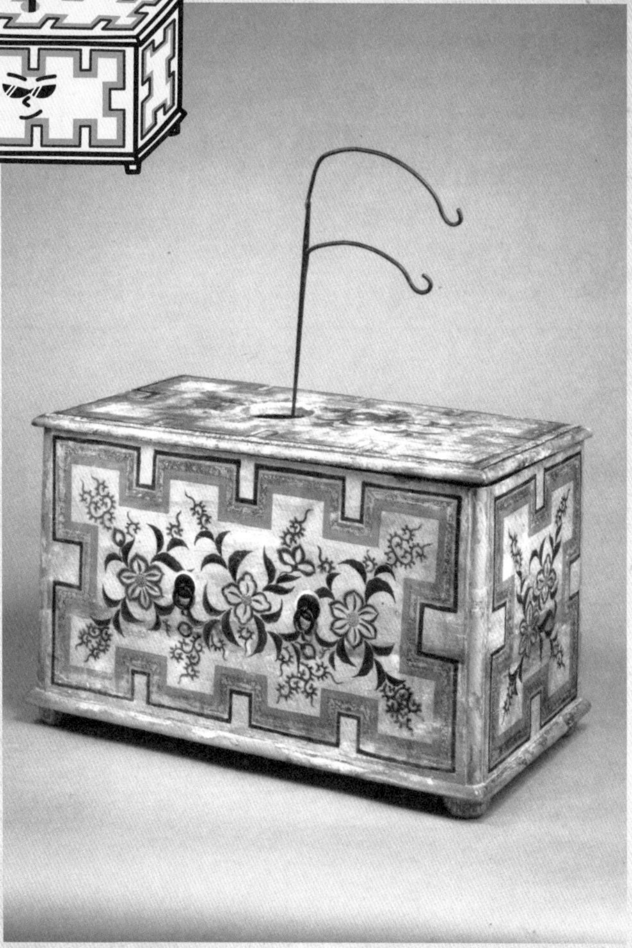

摩擦起电机

（照片提供：日本邮政博物馆）

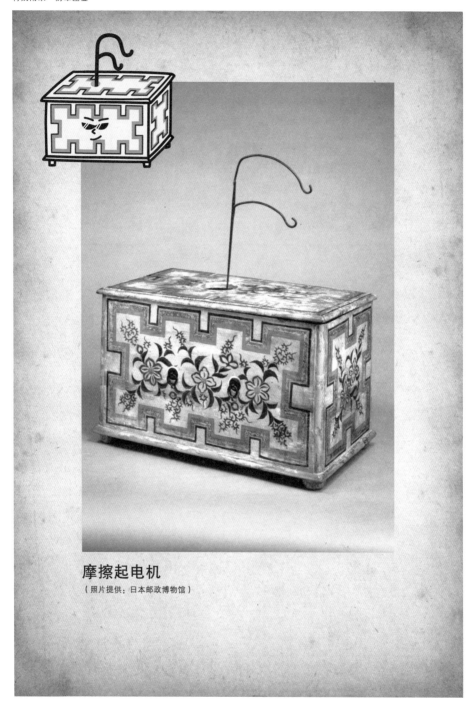

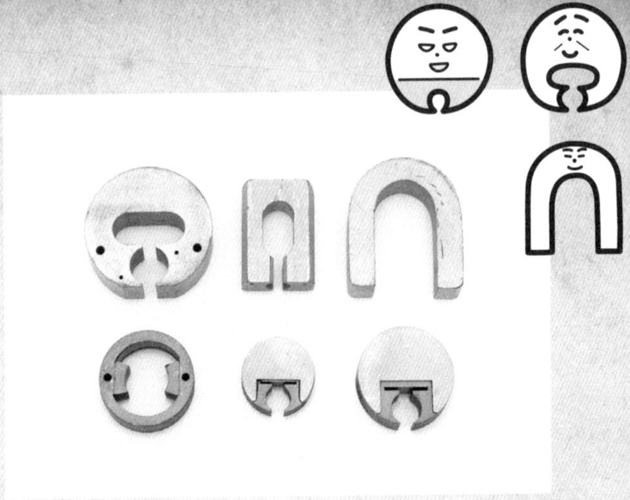

KS磁钢

（照片提供：日本金属材料研究所）

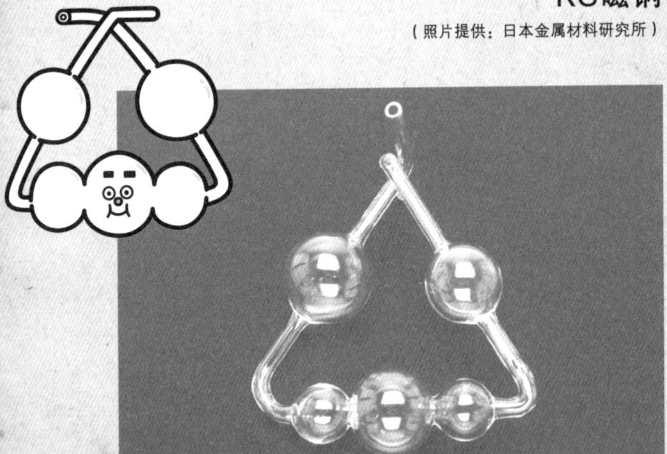

钾球

（照片提供：日本大阪市立科学馆）

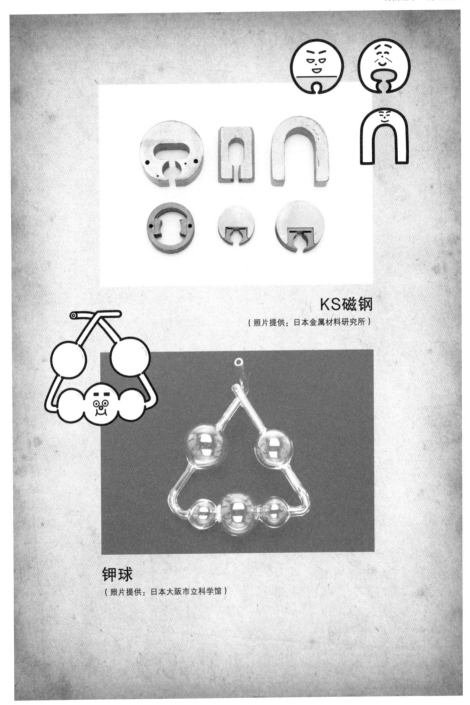

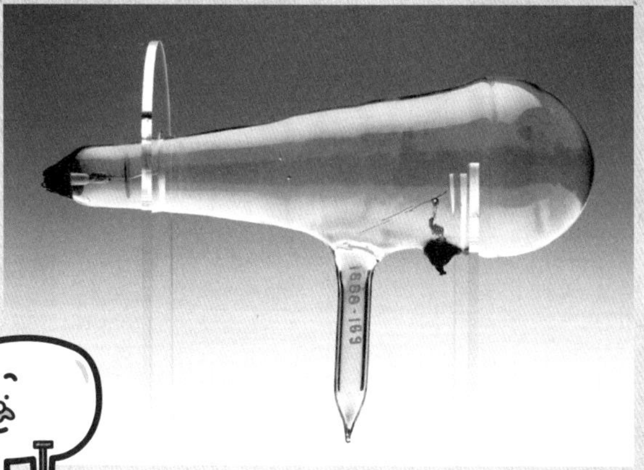
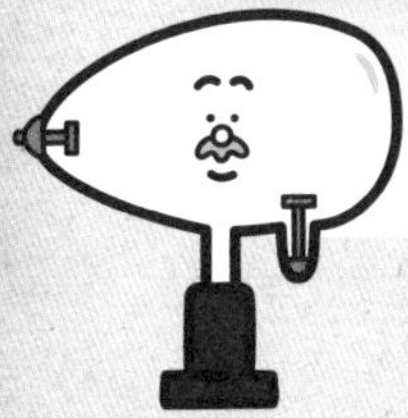

克鲁克斯管

（照片提供：科学与社会图片库）

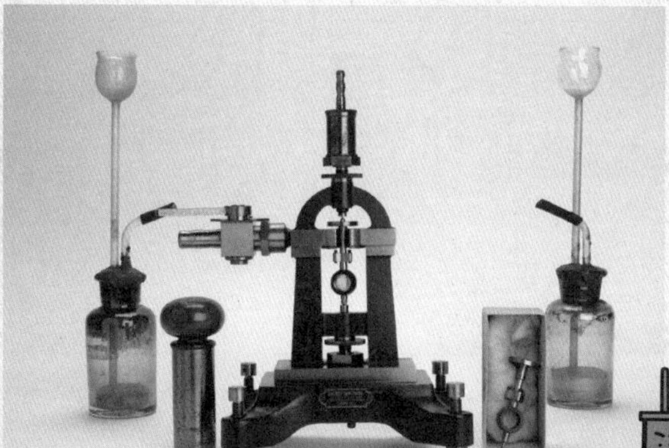
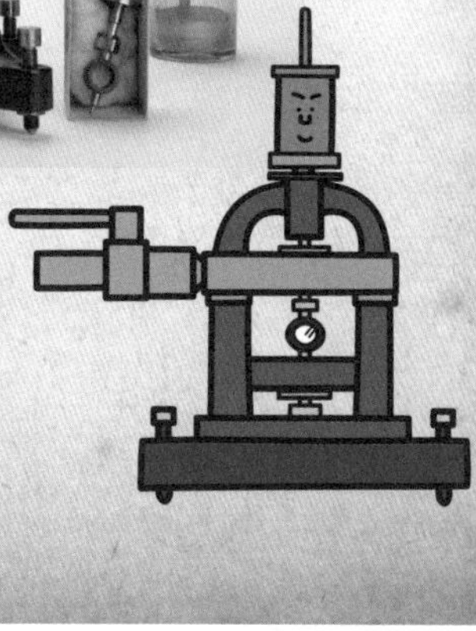

傅科旋转镜

（照片提供：日本东京大学驹场博物馆）

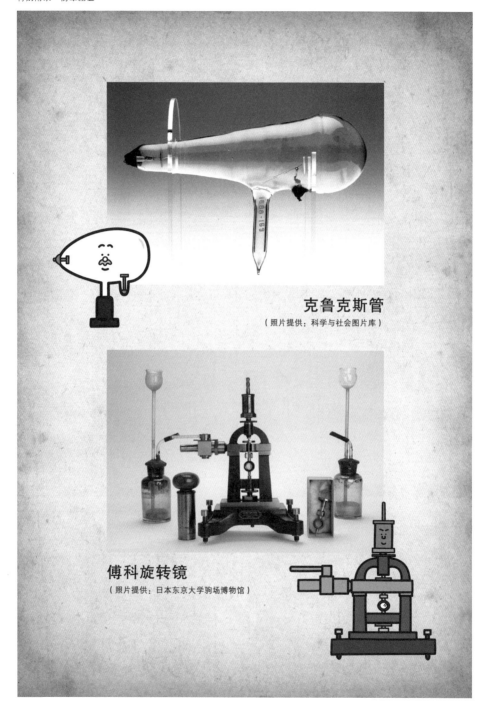

后记
啊——
啊——
呼——
全都看完了！
真开心！
咿呀！
到最后也没有看到我的前辈……
啊！
是我的前辈！
咦，什么？
怎么啦？

约翰·约瑟夫·格里芬先生做的第一个烧杯（示意图）
约翰·约瑟夫·格里芬
（1802—1879）
英国化学家，也从事化学实验器具的销售工作。他在当时常用的高型烧杯的基础上设计出了低型烧杯，也就是普通烧杯。
这座铜像是烧杯君的前辈吗？
不对，说的是铜像手里的烧杯。
这位先生名叫格里芬。
我的别名就叫格里芬烧杯！
太好了！
我们也不能输给伟大的前辈们，今后也要努力做实验哪！
加油！

致谢

本书在制作时获得了相关人士的大力协助，多亏有了接受采访、提供照片的各位，本书的绘制工作才得以圆满完成。

非常感谢各位！
今后也请大家多多关照。

特此鸣谢（以下均为日本企业、机构，且排名不分先后）

ADVANTEC东洋股份有限公司

日本科学机器协会

日本分析机器工业会

大阪市立科学馆

堀场制作所股份有限公司

气象厅、气象测量仪器检定测试中心、气象测量仪器历史馆

金属材料研究所

国立研究开发法人产业技术综合研究所

东京大学驹场博物馆

东京理科大学

邮政博物馆

版权登记号：01-2021-2590

图书在版编目（CIP）数据

实验器具的发现之旅 /（日）上谷夫妇著；焦玥译. -- 北京：现代出版社, 2021.7
ISBN 978-7-5143-9134-3

Ⅰ. ①实… Ⅱ. ①上… ②焦… Ⅲ. ①化学实验－实验仪器－少儿读物 Ⅳ. ①O6-32

中国版本图书馆CIP数据核字（2021）第090764号

实验器具的发现之旅

作　　者　[日]上谷夫妇
译　　者　焦　玥
责任编辑　李　昂　滕　明
封面设计　八　牛
出版发行　现代出版社
通信地址　北京市安定门外安华里504号
邮政编码　100011
电　　话　010-64267325　64245264（传真）
网　　址　www.1980xd.com
电子邮箱　xiandai@vip.sina.com
印　　刷　北京瑞禾彩色印刷有限公司
开　　本　710mm*1000mm　1/16
印　　张　10
字　　数　192千
版　　次　2021年7月第1版　2024年8月第4次印刷
书　　号　ISBN 978-7-5143-9134-3
定　　价　58.00元